浙江省高等教育重点建设教材

U0868424

材料科学与工程基础实验指导书

刘　芙　张升才 主编

ZHEJIANG UNIVERSITY PRESS
浙江大学出版社

序　言

物质的宏观特性决定于其微观组织结构，随着科学技术的发展，人们对微观世界的了解越来越深入，越来越多的新的测试方法问世，有力地促进了材料科学的发展和研究水平的深化，因此了解并学会应用这些材料现代分析技术，对于材料专业的学生是十分重要的。

浙江大学材料科学与工程学系共有金属材料实验室、无机非金属材料实验室、材料物理及微结构实验室、电子显微镜室和X射线衍射分析室等几个教学实验分室，上述各个实验分室以前独立开设与之相关的实验课程，直至2003年才将各分室所开实验课整合为材料科学与工程基础实验课程，整合后成为“材料科学基础实验(I)”和“材料科学基础实验(II)”，共112学时，涵盖了材料制备、组织结构表征、材料力学性能和物理性能测试等内容。材料科学与工程基础实验课程不仅是材料大类学生培养的一个重要实践性环节，对深刻理解掌握材料科学基础理论和前沿专业知识有重大帮助，而且通过该实验课程学习，对培养学生一丝不苟的工作作风和实事求是的工作态度具有重要意义，在培养学生的“知识、能力、素质”教育方面起着重要的作用。

本书是根据浙江大学材料科学与工程学系多年来开设的与材料科学有关的实验部分的内容编写的。主要包括材料金相和岩相分析、电子显微镜分析和X射线衍射分析等几种材料结构分析技术；材料的力学性能以及光、电、热、磁等材料性能的测试技术；金属、无机、半导体等几种材料的制备方法；以及实验数据的处理和实验报告的编写等几方面。通过对《材料科学基础实验》的学习和实践，使学生初步掌握多种现代分析技术的基本原理，仪器的主要结构，各种实验方法，每种仪器的功能和应用范围，使学生了解并能正确选用分析技术和仪器，以获得必要的信息。

本书可作为大专院校材料科学与工程专业本科生及研究生材料科学实验的指导用书，也可供科研单位及生产部门有关人员作为参考。

本书第二章由张升才、程逵及朱永花老师编写，第三章由樊先平及乔旭生老师编写，第四章由朱铁军老师编写，第五章由张开老师编写，第六章由蒋年平及刘芙老师编写，第七章由史灵杭老师编写，第八章由刘芙老师编写，第九章由刘小强老师编写，第十章由邬震泰、郭兴忠及程继鹏老师编写。浙江大学材料与工程学系材料科学与工程教学实验中心刘芙、张升才负责全书主编，限于编者水平，错误与不当之处在所难免，敬请读者指正。

编　者

2009年12月

目　　录

第一章　实验误差与数据处理

在科学研究中，经常需要对材料的某些物理量(如密度、表面积、硬度、强度等)进行测量，并对测量数值进行分析研究，从中获得科学的结论。在材料的生产中，也要对某些工艺参数(如温度、流量、压力等)进行测量，根据所得的测量值，可以间接(或直接)地控制产品的产量与质量。测量数据是否准确、数据处理方法是否科学，直接影响材料的研究与生产。因此，对测量误差与数据处理方法进行研究是十分必要的。

一、测量方法分类

对材料进行测量，就是用一定的工具或设备确定材料的未知物理量。测量的分类方法很多。按被测量量的获得方式，通常将测量方法分为直接测量和间接测量两种。按被测量的状态，可以将测量方法分为动态测量和静态测量等。

1. 直接测量

直接测量，是用一定的工具或设备就可以直接地确定未知量的测量。例如，用直尺测量物体的长度、用天平称量物质的质量、用温度计测量物体的温度等。

2. 间接测量

间接测量，是所测的未知量不仅要由若干个直接测定的数据来确定，而且必须通过某种函数关系式的计算，或者通过图形的计算方能求得测量结果的测量。例如，用膨胀仪测量材料的热膨胀系数 A，既要测定试体的原始长度 L，还要测定试体被加热时，对应于温度 T_2 与 T_1 时伸长的长度 ΔL，再通过公式 $A=A_0+\Delta L/(T_1-T_2)$来计算出材料的平均线热膨胀系数。在测量材料的色度时，要用测量数据在三色图上标出其位置之后才能计算该材料颜色的主波长和纯度。因此，这两种测量都属于间接测量。

3. 静态测量

静态测量是指在测量过程中被测量是不变的测量。无机非金属材料的测量通常属于这种测量。

4. 动态测量

动态测量也称瞬态测量，是指在测量过程中测量量是变化的测量。

材料的某些性质可以用动态法测量，也可以用静态法测量。例如，材料弹性模量的测定方法就有动态法和静态法两种，其性质的定义和测量数值是不同的，因此，在材料测量方法的选择和性质的解释时应当注意。

二、测量误差及其分类

在一定的环境条件下，材料的某些物理量应当具有一个确定的值。但在实际测量中，要准确测定这个值是十分困难的。因为尽管测量环境条件、测量仪器和测量方法都相同，但由于测量仪器计量不准，测量方法不完善以及操作人员水平等各种因素的影响，各次各人的测量值之间总有不同程度的偏离，不能完全反映材料物理量的确定值（真值）。测量值 X 与真值 X_0 之间存在的这一差值 Y，称为测量误差，其关系为：

$$X_0 = X \pm Y \tag{1-1}$$

大量实践表明，一切实验测量结果都具有这种误差。

了解误差基本知识的目的在于分析这些误差产生的原因，以便采取一定的措施，最大限度地加以消除，同时科学地处理测量数据，使测量结果最大限度地反映真值。因此，由各测量值的误差积累，计算出测量结果的精确度，可以鉴定测量结果的可靠程度和测量者的实验水平；根据生产、科研的实际需要，预先定出测量结果的允许误差，可以选择合理的测量方法和适当的仪器设备；规定必要的测量条件，可以保证测量工作的顺利完成。因此，不论是测量操作或数据处理，树立正确的误差概念是很有必要的。

根据误差产生的原因，按照误差的性质，可以把测量误差分为系统误差、过失误差和随机误差。

1. 系统误差

这种误差是人机系统产生的误差，是由一定原因引起的，在相同条件下多次重复测量同一物理量时，使测量结果总是朝一个方向偏离，其绝对值大小和符号保持恒定，或按一定规律变化，因此有时称之为恒定误差。系统误差主要由下列原因引起。

(1)仪器误差　由于测量工具、设备、仪器结构上不完善；电路的安装、布置、调整不得当；仪器刻度不准或刻度的零点发生变动；样品不符合要求等原因所引起的误差。

(2)人为误差　由观察者感官的最小分辨力和某些固有习惯引起的误差。例如，由于观察者感官的最小分辨力不同，在测量玻璃软化点和玻璃内应力消除时，不同人观测就有不同的误差。某些人的固有习惯，例如在读取仪表读数时总是把头偏向一边等，也会引起误差。

(3)外界误差　外界误差也称环境误差，是由于外界环境（如温度、湿度等）的影响而造成的误差。

(4)方法误差　由于测量方法的理论根据有缺点，或引用了近似公式，或实验室的条件达不到理论公式所规定的要求等造成的误差。

(5)试剂误差　在材料的成分分析及某些性质的测定中，有时要用一些试剂，当试剂中含有待测成分或含有干扰杂质时，也会引起测试误差，这种误差称为试剂误差。

一般地说，系统误差的出现是有规律的，其产生原因往往是可知的或可掌握的。只要仔细观察和研究各种系统误差的具体来源，就可设法消除或降低其影响。

2. 随机误差

这类误差是由不能预料、不能控制的原因造成的。例如，实验者对仪器最小分度值的估计，很难每次严格相同；测量仪器的某些活动部件所指示的测量结果，在重复测量时很难每次完全相同，尤其是使用年久的或质量较差的仪器时更为明显。

材料的许多物化性能都与温度有关。在实验测定过程中，温度应控制恒定，但温度恒定有一定的限度，在此限度内总有不规则的变动，导致测量结果发生不规则的变动。此外，测量结果与室温、气压和湿度也有一定的关系。由于上述因素的影响，在完全相同的条件下进行重复测量时，使得测量值或大或小，或正或负，起伏不定。这种误差的出现完全是偶然的，无一定规律性，所以有时称之为偶然误差。

3. 过失误差

过失误差，也叫错误，是一种与事实不符的误差。这种误差是由于实验者粗心，不正确的操作或测量条件突然变化所引起的。例如，仪器放置不稳，受外力冲击；测量时读错数据、记错数据；数据处理时单位搞错、计算出错等。显然，过失误差在实验过程中是不允许的。

三、误差表示方法

为了表示误差，工程上引入了精密度、准确度和精确度的概念。精密度表示测量结果的重演程度，精密度高表示随机误差小；准确度指测量结果的正确性，准确度高表示系统误差小；精确度（又称精度）包含精密度和准确度两者的含义，精确度高表示测量结果既精密又可靠。根据这些概念，误差的表示方法有三种。

1. 极差

极差是测量最大值与最小值之差，即

$$R = X_{max} - X_{min} \tag{1-2}$$

式中：R——极差，表示测量值的分布区间范围；

X_{max}——同一物理量的最大测量值；

X_{min}——同一物理量的最小测量值。

极差可以粗略地说明数据的离散程度，即可以表征精密度，也可以用来估算标准偏差。

2. 绝对误差

绝对误差是测量值与真值间的差异，即

$$\Delta X_i = X_i - X_0 \tag{1-3}$$

式中：ΔX_i——绝对误差；

X_i—第 i 次测量值；

X_0——真值。

绝对误差反映测量的准确度，同时含有精密度的意思。

3. 相对误差

相对误差指绝对误差与真值的比值，一般用百分数表示，即

$$\varepsilon = \frac{|\Delta X_i|}{X_0} \times 100\% = \frac{|X_i - X_0|}{X_0} \times 100\% \tag{1-4}$$

相对误差 ε 既反映测量的准确度，又反映测量的精密度。

绝对误差和相对误差是误差理论的基础，在测量中已广泛应用，但在具体使用时要注意它们之间的差别与使用范围。在某些实验测量及数据处理中，不能单纯从误差的绝对值来衡量数据的精确程度，因为精确度与测量数据本身的大小也很有关系。例如，在称量材料的质量时，如果质量接近 10t，准确到 100kg 就够了，这时的绝对误差虽然是 100kg，但相对误差只有 1%；但是如果称量的量总共不过 10kg，即使准确到 0.5kg 也不能算精确，因为这时的绝对误差虽然是 0.5kg，相对误差却有 5%。经对比可见，后者的绝对误差虽然比前者小 200 倍，相对误差却比前者大 5 倍。相对误差是测量单位所产生的误差，因此，不论是比较各测量值的精度或是评定测量结果的质量，采用相对误差更为合理。

在实验测量中应当注意到，虽然用同一仪表对同一物质进行重复测量时，测量的可重复性越高就越精密，但不能肯定准确度一定高，还要考虑到是否有系统误差存在（如仪表未经

校正等），否则虽然测量很精密也可能不准确。因此，在实验测量中要获得很高的精确度，必须有高的精密度和高的准确度来保证。

四、随机误差及其分布

在测量中，即使系统误差很小和不存在过失误差，对同一个物理量进行重复测量时，所得的测量值也是不同的，这是由于存在随机误差而影响测量结果。当对同一个物理量进行足够多次重复测量并计算出误差之后，以横坐标表示随机误差 δ，纵坐标表示各随机误差出现的概率，则可得图 1-1 所示的曲线。从曲线可以看出以下几点。

①随机误差分布具有对称性，即绝对值相等的正负误差出现的概率（机会）相等。多次重复测量的算术平均值 $\overline{X}$ 是待测量的最佳代表值。

②曲线形状是两头低，中间高，说明绝对值小的误差比绝对值大的误差出现的机会多，分布具有单峰性。

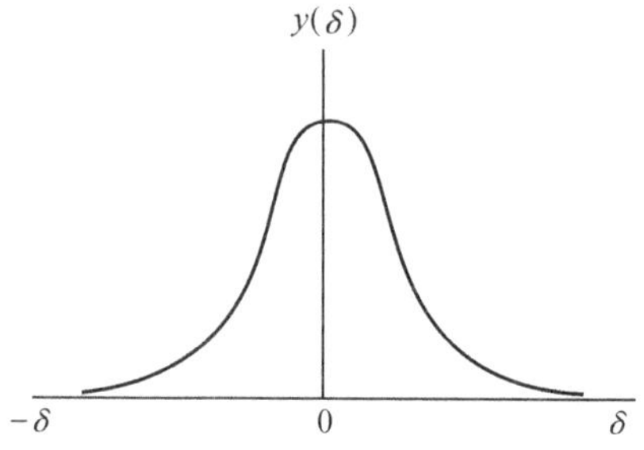

图 1-1　随机误差的正态分布曲线

③绝对值很大的误差出现的概率极小，此为有界性。

这种曲线称为正态分布曲线。从统计学原理可以说明随机误差服从正态分布。1795 年，高斯（Gauss）推导出它的函数形式，所以正态分布又称高斯分布。随机误差的概率密度函数形式为：

$$y=\frac{1}{\sigma\sqrt{2\pi}}e^{-\frac{\delta^2}{2\sigma^2}} \tag{1-5}$$

式中：y——误差 δ 出现的概率密度；

δ——随机误差，$\delta=X_i-X_0$；

σ——标准误差（总体的标准差），即

$$\sigma=\sqrt{\frac{1}{n}\sum_{i=1}^{n}\delta_i^2}=\sqrt{\frac{1}{n}\sum_{i=1}^{n}(X_i-X_0)^2} \tag{1-6}$$

由此可见，σ 愈小，则绝对值小的随机误差出现的概率（机会）愈大，误差分布曲线愈尖耸，表现出测量精度愈高。σ 愈大则情况相反。因此，为了减小随机误差的影响，在实际测量中常常对被测的物理量进行多次重复的测量，以提高测量的精密度或重演性。标准误差表征测量的精度，在许多测量中都采用它作为评价测量精度的标准。

虽然真值 X_0 是客观存在的，但由于任何测定都有误差，一般难以获得真值。在实验测量中，实际测得值都只能是近似值，真值 X_0 是未知的。所以在实际使用中，真值一般是指

载于文献手册上的公认的数值，或用校正过的仪器多次测量所得的算术平均值。通常用一组测量值的算术平均值 $\overline{X}$ 来代表 X_0，使之成为可表示的量。即

$$X_0 \approx \overline{X} = \frac{1}{n}\sum_{i=1}^{n} X_i \tag{1-7}$$

式中：n——测量次数。

在实际运算中，我们是用有限个测量值与其算术平均值的偏差来代表随机误差的，在这种情况下，标准误差的计算式应为：

$$\bar{\sigma} = \sqrt{\frac{1}{n-1}\sum_{i=1}^{n}(X_i - \overline{X})^2} \tag{1-8}$$

式(1-8)称为贝塞尔(Bessel)标准差，是一个近似值或近似标准差，有时也称为样本的标准差。由于标准差 σ 在重复测量中的重要性，又可以求得，所以将贝氏标准差称为标准差，代表可以求到的测量精度。近似标准差与测量的次数密切相关，当 n 较小时，它存在明显的误差，这一点在测量中应当注意。

标准误差是一个重要的统计量，但它只考虑绝对偏差的大小，没有考虑测量值大小对测量结果的影响。一般测量量较大的物体时，绝对误差就较大。当考虑相对误差的大小时，通常用变异系数(亦称离散系数)作为统计量。即

$$C_V = \frac{\bar{\sigma}}{\overline{X}} \times 100\% \tag{1-9}$$

变异系数能较好地代表测量的相对精度，所以将此统计量称为相对标准差。我国的一些国家标准也有要求，在测量报告中除了要提供算术平均值和标准误差外，还应有相对标准偏差值。

五、系统误差的发现与消除

前面已讨论过系统误差可能由仪器误差、装置误差、人为误差、外界误差及方法误差引起，因此要发现系统误差是哪种误差引起的不太容易，而要完全消除系统误差则是更加困难的。

1. 系统误差的检出

在一般情况下，用实验对比法可以发现测量仪器的系统误差的大小并加以校正。实验对比法是用几台仪器对同一试样的同一物理量进行测量，比较其测量结果；或用标准样品、被校准的样品进行测量，检查仪器的工作状况是否正常，然后对被测样品的测量值加以修正。

根据误差理论，误差 $X - X_0$ 是测不到的，能测得的只是剩余误差。剩余误差 υ_i 定义为：

$$\upsilon_i = X_i - \overline{X} \tag{1-10}$$

式中：$\overline{X}_i$——一组测量数据(数列)的算术平均值；

X_i——任一测量值。

用剩余误差观察法可以检出系统误差。如果剩余误差大体是正负相间，而且无明显变化规律时，则不考虑有系统误差。如果剩余误差有规律地变化时，则可认为有系统误差。

用标准误差也可以判断是否存在系统误差。不存在明显系统误差的判据定义为

$$\overline{M_i}-\overline{M_j}\leqslant 2\sqrt{\frac{\sigma_i^2}{n_i}-\frac{\sigma_j^2}{n_j}} \tag{1-11}$$

式中：$\overline{M}$——被测物理量的算术平均值；

n——测量次数；

σ——测量标准差；

i、j——表示第 i 组和第 j 组测量。

当式中的不等号方向变为相反方向时，表示第 i 和第 j 次的测量结果之间存在系统误差。

2. 系统误差的消除或减少

要完全消除系统误差比较困难，但降低系统误差则是可能的。降低系统误差的首选方法是用标准件校准仪器，做出校正曲线。最好是请计量部门或仪器制造厂家校准仪器。其次是实验时正确地使用仪器，如调准仪器的零点、选择适当的量程、正确地进行操作等。

六、过失误差的发现与消除

过失误差是实验人员疏忽大意所造成的误差，这种误差无规律可循。在实验中是否出现过失误差，可用以下准则进行检测。

1. 拉依达(PaйTa)准则

根据误差理论，$|X-X_0|\leqslant 3\sigma$ 的概率为 99.7%；反过来说，$|X-X_0|\geqslant 3\sigma$ 的概率是 0.3%，可能性很小。所以，拉依达准则规定：如果某个观测值的剩余误差 $\upsilon i=Xi-\overline{X}$ 超过 $\pm 3\sigma$ 就有过失误差存在。因此，这个准则又称为 3σ 法则，有时也称极限误差法。

拉依达方法简单，无须查表，当测量次数较多或要求不高时，使用比较方便。

2. 格鲁布斯(Grubbs)准则

在一组测量数据中，按其从小到大的顺序排列，最大项 X_{max} 和最小项 X_{min} 最有可能包含过失性，它们是不是可疑数据，可由其剩余误差与临界值进行比较来确定，如果

$$|\upsilon_i|=|X-X_0|>G_0\,\hat{\sigma} \tag{1-12}$$

则 X_i 是可疑数据。为此，先要计算出统计量

$$G_{max}=\frac{|X_{max}-\overline{X}|}{\hat{\sigma}} \text{或} G_{min}=\frac{|X_{min}-\overline{X}|}{\hat{\sigma}} \tag{1-13}$$

在 n 次测量中，若给定显著度 a，就可从表 1 中查出临界值 $G_{(n,a)}$。如果 $G_{max}\geqslant G_{(n,a)}$ 或 $G_{min}\leqslant G_{(n,a)}$，则有过失误差存在。

在我国的一些产品标准或检验标准中，对准则的选择已有规定，数据处理的应按其规定进行操作。

消除过失误差的最好办法是提高测量人员对实验的认识，要细心操作，认真读、记实验数据，实验完成后，要认真检查数据，发现问题及时纠正。

表 1-1 格鲁布斯准则 $G_{(n,a)}$ 数值

n \ a	0.01	0.05	n \ a	0.01	0.05
3	1.16	1.15	17	2.78	2.48
4	1.49	1.46	18	2.82	2.50
5	1.75	1.67	19	2.85	2.53
6	1.94	1.82	20	2.88	2.56
7	2.10	1.94	21	2.91	2.58
8	2.22	2.03	22	2.94	2.60
9	2.32	2.11	23	2.96	2.62
10	2.41	2.18	24	2.99	2.64
11	2.48	2.23	25	3.01	2.66
12	2.55	2.28	30	3.10	2.74
13	2.61	2.33	35	3.18	2.91
14	2.66	2.37	40	3.24	2.97
15	2.70	2.41	50	3.34	2.96
16	2.75	2.44	100	3.59	3.17

七、有效效率的修约与运算规则

在实验过程中，任何测量的准确度都是有限的，我们只能以一定的近似值来表示测量结果。因此，测量结果数值计算的准确度就不应该超过测量的准确度，如果任意地将近似值保留过多的位数，反而会歪曲测量结果的真实性。在测量和数字运算中，确定该用几位数字来代表测量值或计算结果，是一件很重要的事情。关于有效数字和计算规则简单介绍如下。

1. 一次读数的有效数字表示法

任何仪器都有一定的读数分辨率。在读数分辨率以下，测量量的数值是不确定的。因此，所有读数都只需读到能分辨的最小单位就行了。最小单位指的是在不变动仪器和实验条件的情况下能够重复读定的单位。它通常是仪器标尺的最小分度或它的 1/10。例如，用米尺去测量一块玻璃试样的长度时，一般最多只需读到 1/10 毫米，因为米尺最小分度是毫米的 1/10，这个 1/10 毫米，就是分辨率的最小单位。

为了如实地反映读数情况，记录测量数值时应当不多不少地能够确定读得的全部数字，例如用米尺测量上述玻璃试样的长度为 23.8mm，23 是完全确定的，末位 8 是不确定的或叫做可疑数字，因为“8”是估计值，当不同的人来读取这一测量结果时，可能是 23.9mm 也可能是 23.7mm，这之间可能发生一个单位的出入。又如，用万分之一天平称量某一物体的质量时，称量结果为(2.2345±0.0002)g，其中 2.234 是完全确定的，末位数字 5 是不确定的。因此，我们把所有确定的数值(不包括表示小数点位置的“0”)和这位有疑问的数字称为有效数字。在记录测定数值时，只保留一位可疑数字。在这两个例子中，23.8 和 2.2345 都叫有效数字。其中 23.8 称为三位有效数字；2.2345 称为五位有效数字。

有效数字还能反映测量的精密度。例如，用外径千分卡去测量上述玻璃试样的长度，读数可能是 23.83mm，它的有效数字为四位。那么，为什么用两种不同的测量仪器去测量同一个试体会得到不同的有效数字位呢？这是因为外径千分卡的精密度比米尺高，其最小分辨率为 1/100mm，百分位上的数还能读得出来。因此，在记录测量数据时，写有效数值的位

数必须符合仪器的实际情况，不能多写，也不可少写。

在确定有效数字时，必须注意"0"这个符号。紧接着小数点后的"0"仅用来确定小数点的位置，不算有效数字。例如，在数字 0.00013 中，小数点后的三个"0"都不是有效数字，而 0.130 中小数点后的"0"是有效数字。但是整数，例如数字 250 中的"0"就难以判断是不是有效数字了。因此为了明确表明有效数字，常用指数标记法。可将数字 250 写成 2.5×10^2 就清楚了。

有效数字位数确定之后，其余数字一律舍去。舍去数字时按"四舍六入五留双"的规则。如果末位数恰好是 5，看最后倒数第二位数字，是奇数者进 1，是偶数者弃而不计。如将数字 27.045 和 27.055 取为四位有效数字时，则分别记作 27.04 和 27.06。

2. 有效数字运算规则

在运算中，经常有不同有效位数的数据参加运算。在这种情况下，需将有关数据进行适当的处理。对数字的首位大于 8 的，可多算一位有效数字，如 9.12 在运算中可看成四位有效数字 9.120 等。

①加减运算。当几个数据相加或相减时，它们的小数点后的数字位数及其和或差的有效数字的保留，应以小数点后位数最少（即绝对误差最大）的数据为依据。例如：

$$\begin{array}{r} 0.03 \\ 32.212 \\ +)\ 1.06783 \\ \hline ? \end{array} \xrightarrow{\text{调整到保留两位小数})1.07} \begin{array}{r} 0.03 \\ 32.21 \\ +)\ 1.07 \\ \hline 33.31 \end{array}$$

如果数据的运算量较大时，为了使误差不影响结果，可以对参加运算的所有数据多保留一位数字进行运算。

②乘除运算。几个数据相乘相除时，各参加运算数据所保留的位数，以有效数字位数最少的为标准，其积或商的有效数字也依此为推。例如，当 $0.0121\times25.64\times1.05782$ 时，其中 0.0121 的有效数字位数最少，所以，其余两效应改写成 25.6 和 1.06 与之相乘，即：

$$0.0121\times25.6\times1.06=0.328$$

③对数运算。应用对数计算时，所取对数的位数（对数首数除外）应与真实有效数字相同。

④计算式中的常数为 π、e 的数值，$\sqrt{2}$、$\frac{1}{3}$ 等的数值。以及其他一些取自手册上的常数，可以为无规则，可按需要取有效数字。若算式中有效数字最低是三位，则上面常数取三位或四位均可。

⑤计算平均值时，若参加平均的数字有 4 个以上，则平均值的有效数值可多取一位。

例如，下面的 5 个数据，其平均值同取 1.56，也可取 1.565。

$$X_1=1.58;X_2=1.57;X_3=1.56;X_4=1.55$$
$$\overline{X}=(1.58+1.57+1.56+1.55)/4=1.565$$

⑤在整理最后结果时，须按测量结果的误差进行化整，表示误差的有效数字最多用两位。例如 (22.84 ± 0.12)cm 等。当误差第一位数为 8 或 9 时，只需保留一位。测量值的末位数应与误差的本位数对应。例如：

测量结果		化整结果
$X_1=1001.77\pm0.0033$		$X_1=1001.77\pm0.003$
$X_2=237.464\pm0.127$	⟶	$X_2=237.46\pm0.13$
$X_3=123357\pm878$		$X_3=(1.23\pm0.009)\times10^5$

八、实验数据的处理

实验(测量)数据要经过处理才能求出未知参数(被测量的量)的数值和评定这个数值所含有的误差。

在测量过程中可能同时存在系统误差、随机误差和过失误差,而且在每种误差中还存在多个误差(这些误差称为误差分量),不同的是哪一种误差占优势。因此,测量数据出来之后还要对其进行分析,确定其中含有什么误差,并进行适当的处理,否则就得不到可靠的结果。

当对材料的某一个物理量进行 n 次重复测量时可得 n 个数据。一般地说,这 n 个数据是彼此不相同的,因此,通常用这组数据的算术平均值 $\overline{X}$(亦称近真值)来表示这组测量值的大小,用各种误差公式计算出这组数据的误差值来表示其离散性。最终实验结果应写成下式的标准表达形式:

$$X=\overline{X}\pm E \tag{1-14}$$

式中:X——最终测量结果;

$\overline{X}$——一组 n 个测量值的算术平均值(用(1-7)式进行计算);

E——合成不确定度,一般保留一位有效数字。

不确定度是误差理论发展所提出的概念,是指“误差可能数值的测度”,即由于有测量误差存在而对被测量不能肯定的程度。

在标准式(1-14)中,近真值、不确定度和单位这三个要素缺一不可,否则不能全面表达测量结果。

合成不确定度 E 由不确定度的两个分量(A 类和 B 类)求“方和根”而得。A 类不确定度用 S_i 表示,是统计不确定度,即指可以采用统计方法计算的不确定度,可以像计算标准误差那样,用贝塞尔(Bessel)公式(1-8)进行计算。B 类不确定度用 σ_B 表示,是非统计不确定度,即指用非统计方法求出或评定的不确定度,如测量仪器不准确、标准不准确等。

这样,合成不确定度为

$$\sigma=\sqrt{S_i^2+\sigma_B^2} \tag{1-15}$$

(一)过失误差的分析处理

过失误差属于 B 类不确定度,实验时必须想办法最大限度的消除或减少。这里所讨论的是实验中已有的过失误差,对实验数据如何处理。

如果在一组观测值中,某个数值与其他值相差较大,则该值很可能含有过失误差,这样的值称为可疑观测值。可疑观测值又称可疑数据或“坏值”。根据误差理论,测量中出现大误差的概率极小,但也不是没有,可能性还是存在的。当然,可疑值不一定就含有过失误差,应经过判别后再决定取舍。否则将影响测量结果的准确性。

判别可疑值的准则很多,在本章第六节(过失误差的发现与消除)中所介绍的“拉依达准则”和“格鲁木斯准则”是常用的两种准则。

(1)拉依达准则根据拉依达准则,在一组测量数据中,如果某个观测值的剩余误差 $\nu_i=$

$X_i-\overline{X}$ 超过$\pm 3\sigma$，就有过失误差存在。测量值 Xi 是可疑数据，在计算测量结果时应予剔除，以消除过失误差对测量结果的影响。

剔除第 1 个可疑数据之后，要根据留下的数据重新计算 $\overline{X}$ 和σ(注意此时的 n 已经减少)，再检查是否有可疑数据。如此反复，直至可疑数据全部剔除为止。

应当注意的是，用这种方法剔除可疑数据，只有在 n 较大时才适用，因为当 $n<11$ 时，对任何一列数据都不可能有$|\nu_i|=|X_i-\overline{X}|>3\sigma$ 的情况出现。因此，这种方法一般只有在 $n>13$ 的情况下才能使用。

(2)格鲁布斯准则在一组测量数据中，最大项 X_{max}和最小项 X_{min}最有可能包含过失性，它们是不是可疑数据，可用格鲁布斯准则进行判断。其判定方法在前面已经讲过，在此不再重复。若有过失误差存在最大项 X_{max}或最小项 X_{min}之一是可疑数据，应将其剔除。然后再进行计算，再判断另一项是否该剔除。最后再用留下的数据计算测量结果。

在计算 $\hat{\sigma}$ 时，可疑值也要包括在内。由于该法经过严密的推导，包含可疑数据同样能得到严密的结果。

在国内、国际的一些标准中，对测量结果处理有具体的规定。如果剔除的数据过多，达不到标准规定的实验数据个数的要求，要另选一组试样再做测定。

还应当注意，在材料的测量中，有时出现可疑数据不是过失误差，而是试样的特殊性引起的。在这种情况下要仔细分析原因，如果所选的试样没有代表性，应重选有代表性的一组试样重做一次。

(二)系统误差的分析处理

系统误差也属于 B 类不确定度。任何一项实验，各种或具体的测量，首先都要想办法最大限度的消除或减少一切可能存在的系统误差。如果实验中已有过失误差，应对实验数据进行处理。

当可疑数据被剔除，即过失误差消除之后，决定测量精度的是系统误差和随机误差了。

系统误差影响测量的准确度，随机误差影响测量的精密度。下面先讨论系统误差的处理问题。

在测量过程中，即使采用了各种各样的方法去消除系统误差，也不可能把系统误差完全消除干净，只能把它减弱到某种程度，使它对测量结果的影响小到可以略去不计，这时就可以认为系统误差已经被消除了。本章第五节(系统误差的发现与消除)中已介绍几种方法判断系统误差是否被消除了，这里不再重复。

(1)平均值检验(t 检验)统计理论已经证明，在有限次测量(即 n 较小)时，误差一般遵守 t 分布。t 检验法是用服从 t 分布的统计量检验正态总体均值的方法。为了判断一种分析方法、一种分析仪器、一种试剂、某实验室或某人的操作是否可靠。即是否存在系统误差可以将所得的样本平均值 $\overline{X}$ 与标准值 X_0 做比较，进行检验。t 统计量的定义为：

$$t=\frac{|\overline{X}-X_0|}{\sigma}\cdot\sqrt{n} \tag{1-16}$$

如果求得的 t 值大于 t 分布表(见表 1-2)所列的值 t_α，N，则说明 $\overline{X}$ 对 X_0 的偏离已超出随机误差的范围，即必定存在系统误差。

表 1-2 *t* 分布表

N　α	0.10	0.05	0.02	0.01	0.001
1	6.231	12.71	31.82	63.66	636.62
2	2.92	4.30	6.97	9.93	31.60
3	2.35	3.18	4.54	5.84	12.94
4	2.13	2.78	3.75	4.60	8.61
5	2.02	2.57	3.37	4.03	6.86
6	1.64	2.45	3.14	3.71	5.96
7	1.90	2.37	2.00	3.50	5.41
8	1.85	2.31	2.90	3.35	5.04
9	1.83	2.26	2.82	3.25	4.78
10	1.81	2.23	2.76	3.17	4.59
11	1.80	2.20	2.72	3.11	5.44
12	1.78	2.18	2.68	3.06	4.32
13	1.77	2.16	2.65	3.01	4.22
14	1.76	2.15	2.62	2.98	4.14
15	1.75	2.13	2.60	2.95	4.07
16	1.75	2.12	2.58	2.92	4.02
17	1.74	2.11	5.27	2.90	3.97
18	1.73	2.10	2.55	2.83	3.92
19	1.73	2.09	2.54	2.86	3.88
20	1.73	2.09	2.53	2.85	3.85
21	1.72	2.08	2.52	2.83	3.82
22	1.72	2.07	2.51	2.82	3.79
23	1.71	2.07	2.50	2.81	3.77
24	1.71	2.06	2.49	2.80	3.75
25	1.71	2.06	2.48	2.79	3.73
26	1.71	2.06	2.47	2.78	3.71
27	1.70	2.05	2.47	2.77	3.69
28	1.70	2.05	2.47	2.76	3.67
29	1.70	2.04	2.46	2.76	3.66
30	1.70	2.04	2.46	2.75	3.65
40	1.68	2.02	2.42	2.70	3.55
60	1.67	2.00	2.39	2.66	3.45
120	1.66	1.98	2.36	2.62	3.37
∞	1.65	1.96	2.33	2.58	3.29

例 1 某工厂实验室用老方法对一种原料中的含铁量进行测定，得标准值为 4.55%；一天，某实验员用一种新方法对这种原料测定 5 次，结果为 4.38%，4.50%，4.52%，4.45%，4.49%，试问此测定结果是否存在系统误差（$P=95\%$）？

解：$X_0=4.55$，$\overline{X}=4.47$，$\sigma=0.15$

$$t=\frac{|4.47-4.55|}{0.15}\times\sqrt{5}=1.19$$

$$\alpha=1-P=1-0.95=0.05$$

$$N=n-1=5-1=4$$

$$t_{0.05,4}=2.776$$

因为 $t<t_{0.05,4}$，所以结果可靠，不存在系统误差。

(2)系统误差可略准则　这里介绍一个定量判断系统误差是否已被消除的准则，当

$$|\theta_x|<\frac{1}{2}10^X \tag{1-17}$$

时，系统误差可以略去不计。式中的 θ_x 是残余系统误差；10^X 表示总误差最后一位有效数字所在的位置。当总误差最后一位有效数字所在的位置是"个位"时，$X=0$；在"十位"，$X=1$；在$\frac{1}{10}$位上，$X=-1$；在$\frac{1}{100}$位上时，$X=-2$；其余类推。

如果系统误差不满足(1-16)式，就可以认为系统误差没有被消除，就要采取进一步措施去减弱系统误差对测量结果的影响。

采取进一步措施之后，选取试样再做测定，再检验系统误差的大小，直至可以认为系统误差被消除时为止。

(三)随机误差的分析处理

随机误差属于 A 类不确定度。随机误差是不可能消除的，因此在计算实验结果之前对其分析处理是十分重要的。

(1)系统误差对随机误差的影响根据对系统误差的掌握程度，可以将它分为确定(固定)系统误差和不确定(变化)系统误差。确定系统误差是指其误差的大小和方向均已确切掌握的误差，这种误差不会引起随机误差分布曲线形状的改变，只引起误差分布曲线的平移。不确定系统误差是指其误差的大小和方向不能确切掌握，而只能或只需估计出误差区间的系统误差，这种误差不但使随机误差分布曲线发生位移，也使分布曲线的形状发生改变。

因此，处理随机误差要以无系统误差(尤其是变化系统误差)为前提。

(2)重复测量次数对随机误差的影响　随机误差只有在重复测量次数很多的情况下才遵守一定的统计分布规律，如果测量的次数较少，它将偏离正态分布。在这种情况下计算出来的误差值本身就有较大的误差。那么，重复测量次数 n 究竟应该取多大？当总体为正态分布时可由统计量 t 和指定的置信概率来确定。

例 2　测复合材料的巴氏硬度 5 次，数值是：47，45，44，48，46，如要求测定平均值与真位间不能相差±1.5，并且 $\alpha=0.05$，问最少需测定多少次？

解　由(1-16)式可得：

$$n=\frac{t^2\sigma}{|\overline{X}-X_0|^2} \tag{1-18}$$

①按现有的 5 个测量数据，计算得 $\sigma^2=2.5$；$|\overline{X}-X_0|^2=1.5^2=2.25$；

自由度 $N=n-1=5—1=4$，查 t 表得 $t=2.78$；

将这些数据代入(1-18)式得 $n=8.59$。从计算结果可知，测 5 次是不够的。

②现在再增加一次测定，假定其值为 45，则计算得 $\sigma^2=2.17$；自由度 $N=5$，查 t 表得 $t=2.57$；将这些数据代入(1-18)式得 $n=6.37$。测 6 次还是不够。

③如果再增加一次测定，假定其值为 46，则计算得 $\sigma^2=1.81$；自由度 $N=6$，去 t 表得 $t=2.45$；将这些数据代入(1-18)式得 $n=4.83$。这个 n 小于 7，说明在此精度要求下至少要测 7 次才行。

例 2 说明，只测 3、5 次就进行误差计算是意义不大的。因此，在国内外的一些标准中，对于只需测量 3～5 次的，在测量结果的处理中，往往只要求取算术平均值就行了，对精度的要求也只是取几位小数或几位有效数字。

在材料的科研和生产中，取样量的大小与测试目的有关。一般有以下两种情况。

①在科研和生产中需要对某种材料的性能进行测试时，这种测试的试样量较少。在我国或国际一些单项性能测试标准中，一般规定试样 3～5 个。对于每个试样，有的要求测一个数据就行了，有的则要求测多个数据。

例 3 根据 GB/T 13891—92 的规定，在测大理石板材、花岗岩板材、水磨石板材的光泽度时，要求 5 个(块)试样，每块试样要测 5 个点。墙地砖要求 5 个(块)试样，每块试样只要测中心的 1 个点。塑料地极要求 3 个(块)试样，每块试样却要测 10 个点(板材中心与四角的 5 个点测量后，将测量共旋转 90°，再测一次)。

在例 3 中，墙地砖的结果计算比较简单，只需做算术平均值计算就可以了。塑料地板虽然要求 3 个(块)试样，但每块试样却要测 10 个点，如果这 10 点测定值中的最高值或最低值超过其算术平均值的 10%，应在该值的后面用括号注明，这种结果计算就复杂一些。虽然如此在这个标准中只要求每个试样的光泽度值要用多点测量值的算术平均值表示，计算精确至 0.1 光泽度单位；以 3 块或 5 块试样测定值的平均值作为被测建筑饰面材料镜面光泽度值，小数点后的余数采用数值修约规则修约，结果取整数。没有要求作误差计算。

在科学实验或生产检测中，有时也要求做误差估计，在测试结果中要标明测量的误差范围，这时可将每个试样的测量点增加到 15 个以上，或对同一个测量点测定 15 次以上就可以做误差计算了。

②在产品质量检验或商品质量检验中，抽样量要足够大才有代表性。一般，商品检测标准中都有抽样规定，在没有具体明确的规定时，抽样虽可按下式确定：

$$n=\sqrt{\frac{N}{2}}$$

按这个公式计算，如果出库商品 $N=500$ 件，则抽样量 $n=16$ 件。这样测量的次数就多了，在测量结果的处理中就满足计算误差的基本数据要求了。

(四)合成不确定度的计算与实验结果的确定

如前所述，实验结果应用一组数据的算术平均值 $\overline{X}$(亦称近真值)来表示这组测量值的大小，用不确定度来表示其离散性。最终实验结果应写成标准的表达形式。下面通过几个例子说明合成不确定度的计算与实验结果的确定方法。

例 4 用毫米刻度的米尺来测量(100×100)cm 正方形玻璃板的边长，共测 10 次，其测量值为 100.27cm，100.25cm，100.23cm，100.29cm，100.24cm，100.28cm，100.26cm，100.20cm，200.24cm，200.21cm，试计算合成不确定度，写出测量结果。

解：边长的近真值(由(1-7)式计算)

$$l=\frac{1}{n}\sum_{1}^{10}l_i=\frac{1}{10}(100.27+100.25+100.23+\cdots+200.24+200.21)=100.24(\text{cm})$$

A 类不确定度(由(1-8)式计算)

$$S_i=\sqrt{\frac{\sum_{i=1}^{n}(X_i-\bar{X})^2}{n-1}}=\sqrt{\frac{(100.27-100.24)^2+\cdots+(100.21-100.24)^2}{10-1}}$$

$= 0.03(\text{nm})$

B 类不确定度

米尺的仪器误差 $\Delta_{仪} = 0.05(\text{cm})$

$$\sigma_B = \sigma_{仪} = 0.05(\text{cm})$$

合成不确定度

$$\sigma = \sqrt{S_l^2 + \sigma_B^2} = \sqrt{0.03^2 + 0.05^2} = 0.06(\text{cm})$$

测量结果的标准形式为

$$l = 100.24 \pm 0.06(\text{cm})$$

有时需要引入相对不确定度来评价测量结果。相对不确定度的定义为 $E_0 = \dfrac{\sigma}{\bar{X}} \times 100\%$

E_0 的结果取 2 位数。

例 5 用介质损耗测定仪测定一组(10 块)刚玉材料的个电系数 ε，其值为 10.27，10.25，10.23，10.29，10.24，10.28，10.26，10.20，20.24，20.21，该仪器的示值误差为 5%，试计算相对不确定度，写出测量结果。

解：刚玉材料的介电系数 ε

$$\varepsilon = \frac{1}{n}\sum_{1}^{10}\varepsilon_i = \frac{1}{10}(10.27 + 10.25 + 10.23 + \cdots + 20.24 + 20.21) = 10.24(\text{cm})$$

A 类不确定度

$$S_i = \sqrt{\frac{\sum_{i=1}^{n}(X_i - \bar{X})^2}{n-1}} = \sqrt{\frac{(10.27 - 10.24)^2 + \cdots + (10.21 - 10.24)^2}{10-1}} = 0.03(\text{nm})$$

B 类不确定度

仪器的示值误差 $\Delta_{仪} = 5\% = 0.05$

$$\sigma_B = \sigma\ 仪 = 0.05(\text{cm})$$

合成不确定度

$$\sigma = \sqrt{S_l^2 + \sigma_B^2} = \sqrt{0.03^2 + 0.05^2} = 0.06(\text{cm})$$

相对不确定度

$$E_\varepsilon = \frac{\sigma_\varepsilon}{\varepsilon} = \frac{0.06}{10.24} \times 100\% = 0.58\%$$

测量结果的标准形式为

$$\varepsilon = 10.24 \pm 0.06$$

九、实验结果的表示方法

实验数据经误差分析和数据处理之后，就可考虑结果的表述形式。实验结果的表述不是简单地罗列原始测量数据，需要科学地表述，既要清晰，又要简洁。推理要合理，结论要正确。实验结果的表示有列表法、图解法和数学方程(函数)法，分别简要介绍如下。

1. 列表法

列表法用表格的形式表达实验结果。具体做法是：将已知数据、直接测量数据及通过公式计算得出的(间接测量)数据，按主变量 x 与应变量 y 的关系，一个一个地对应列入表中。

这种表达方法的优点是：数据一目了然，从表格上可以清楚而迅速地看出二者间的关系，便于阅读、理解和查询；数据集中，便于对不同条件下的实验数据进行比较与校核。

在作表格时，应注意下述几点。

(1)表格的设计　表格的形式要规范，排列要科学，重点要突出。每一表格均应有一完全又简明的名称。一般将每个表格分成若干行和若干列，每一变量应占表格中一行或一列。

(2)表格中的单位与符号在表格中每一行的第一列(或每一列的第一行)是变量的名称及量纲。使用的物理量单位和符号要标准化、通用化。

(3)表格中的数据处理同一项目(每一行或列)所记的数据应注意其有效数字的位数尽量一致，并将小数点对齐，以便查对数据。如果用指数来表示数据中小数点的位置，为简便起见，可将格名放在行名旁，但此时指数上的正负目应易号。例如，材料的热膨胀系数是 55×10^{-7}℃$^{-1}$时，该行名可写成：$\alpha\times\sigma10^{7}$℃$^{-1}$。

此外，表格中不应有空格，失误或漏做的内容要以“/”记号划去。

2. 图解法

图解法利用实验测得的原始数据，通过正确的作图方法画出合适的直线或曲线，以图的形式表达实验结果。该法的优点是使实验测得的各数据间的相互关系表现得更为直观，能清楚地显示出所研究对象的变化规律，如极大值或极小值、转折点、周期性和变化速度等。从图上也易于找出所需的数据，有时还可用作图外推法或内插法求得实验难于直接获得的物理量。

图解法的缺点是存在作图误差，所得的实验结果不太精确。因此，为了得到理想的实验结果，必须提高作图技术。下面简单介绍作图的一般步骤及规则。

(1)坐标纸的选择通常采用的是直角毫米坐标纸，它能适合大多数用途。有时为了方便处理非线性变化规律的数据，也用半对数或对数坐标纸。例如，在用玻璃的软化点测定数据作图时，既可用直角坐标纸，也可用半对数坐标纸，但后者更为方便。个别特殊情况还采用三角坐标纸。例如，无机非金属材料三级分系统的相图用的就是三角坐标系统。

(2)坐标轴的确定用直角坐标纸作图时，一般以自变量为横轴，应变量(函数)为纵轴。坐标轴上的尺度和单位的选择要合理，要使测量数据在坐标图中处于适当的位置，不使数据群落点偏上或偏下，不致使图形细长或扁平。如果某一物理量的起始与终止的范围过大，可考虑采用对数坐标轴。例如，无机非金属材料的体积电阻率很大，在作“电阻率一温度”关系图或“电阻率组成”关系图时，纵坐标一般采用对数坐标。此外，各坐标的比例和分度，原则上要与原始数据的精密度一致，与实验数据的有效数字相对应，以便于很快就能从图上读出任一点的坐标值。

曲线的形状随比例尺的改变而改变。因此，只有合理地确定实验数据的倍数才能得到最佳的图形与实验结果。不要过分夸大或缩小各坐标的作图精度，因为图形过大，会浪费纸张和版面；图形过小，当曲线有极大值、极小值或转折点时将表达不清楚，还会给实验结果计算带来误差。通常应以单位坐标格子代表变量的简单整数倍，例如，用坐标轴 1cm 表示数量的 1 倍、2 倍或 5 倍，而不宜代表 3 倍、6 倍、7 倍、9 倍等。若作出的图是一直线时，则直线与横坐标的夹角应为 45°左右，角度过大或过小都会给实验结果带来较大的误差。

如无特殊需要(如直线推求截距等)时，就不必从坐标原点作标度起点，而可以从略低于最小测量值的整数开始，这样才能充分利用坐标纸，使作图紧凑同时读数精度也可提高。

例如，在作材料析晶温度的梯温炉的“炉长－温度”梯温曲线时就采用这种方法。

画上坐标轴后，在轴旁注明该轴变量的名称及单位，在纵轴的左面和横轴的下面每距一定距离写下该处变量应有的“值”，以便作图及读数，但不要将实验值写在轴旁。

(3)原始数据点的标出　将实验所测得的各个数据的位置标在坐标图上时，每个数据可用“・”来表示，这种点称为实验点、数据点或代表点。这些点的中心应与原始数据的坐标相重合，点的面积大小应代表测量的精密度，不可大大或太小。如果同一坐标图中要表示多条曲线，则名曲线中的实验点位置可用★、○、□、⊙、△、◆等符号分别表示，并在图中或图下注明各记录符号所代表的意义。

描绘曲线时需要有足够的数据点，点数太少不能说明参数的变化趋势和对应关系。对于一条直线，一般要求至少有 4 点：一条曲线通常应有 6 点以上才能绘制。当数据的数值变化较大时，该处曲线将出现突折点，在这种情况下，曲线拐弯处所标出的数据点应当多一些，以使曲线弯曲自然，平滑过渡。

(4)曲线的绘制在图纸上做出数据点后，就可用直尺或曲线板(尺)，按数据点的分布情况确定一直线或曲线。直线或曲线不必全部通过各点但应尽可能地接近(或贯穿)大多数的实验点，只要使各实验点均匀地分布在直(曲)线两侧邻近即可。如果有个别数据点离曲线很远，该点可不考虑，因为含有这些点所得的曲线一般是不会正确的。但遇到这种情况要谨慎处理最好将此个别点的数据重新测量。如原测量确属无误，则应考虑其特殊性，确定材料的性质在该数据处是否有反常现象，并考虑将此数据纳入绘制曲线中。

画曲线时用淡铅笔轻轻地循各数据点的变动趋势，手描一条曲线。然后用曲线板逐段凑合手描曲线的曲率，做出光滑的曲线。最后根据所得图形或曲线进行计算与处理，以获得所需的实验结果。

3. 函数表示法

用一定的数学方法将实验数据进行处理，可得出实验参数的函数关系式，这种关系式也称经验公式，对研究材料性能的变化规律很有意义，所以被普遍应用。

当通过实验得出一组数据之后，可用该组数据在坐标纸上粗略地描述一下看其变化趋势是接近直线或是曲线。如果接近直线，则可认为其函数关系是线性的，就可用线性函数关系公式进行拟合，用最小二乘法求出线性函数关系的系数。材料的有些性质有线性关系，可以用这种方法进行处理。例如在中低温(约在室温至 600℃)下，普通玻璃的线膨胀与温度呈线性关系。就可根据线性函数关系式用手工进行拟合。当然，手工拟合十分麻烦，若将拟合方法编成计算程序将实验数据输入计算机，就可迅速得到实验结果。

对于非线性关系的数据可将粗描的曲线与标准图形对照，再确定用何种曲线的关系式进行拟合。当然，曲线拟合要复杂得多。为了简化，在可能的条件下，可通过数学处理将数据转化为线性关系。例如在处理测量玻璃软化点温度的数据时，将实验数据在直角坐标纸上描绘时是明显的非线性关系，但在半对数坐标纸上描绘时则成为线性关系，可以用最小二乘法方便地进行处理，用计算机进行快速计算。

用函数形式表达实验结果，不仅给微分、积分、外推或内插等运算带来极大的方便而且便于进行科学讨论和科技交流。随着计算机的普及，用函数形式来表达实验结果将会得到更普遍的应用。

十、思考题

1 误差是可以转化的。如果一把尺子的刻度有误差，再用这把尺子做标准尺子去鉴定一批其他尺子，则什么误差转化为什么误差？

2 对一组测量数据进行结果计算后得到的结果是：$X=1.384\pm0.006$；对这个结果有两种错误的解释：①这个结果表示，测量值 1.384 与真值之差就等于 0.006；②这个结果表示，真值就落在 1.378～1.390 这个范围之内。为什么说这两种解释都是错误的？

3 对一种碱灰的总碱量（Na_2O%）进行 5 次测定，结果如下：40.02%，40.13%，40.15%，40.16%，40.20%。用三倍法（3σ）和格鲁布斯法进行判定，40.02%这个数据是不是应舍去的可疑数据？

4 某钢铁厂生产正常时，钢水平均含碳量为 4.55%，某一工作日抽查了 5 炉钢水，测定合碳量分别为：4.28%，4.40%，4.42%，4.35%，4.37%。问这个工作日生产的钢水含碳量是否正常（$P=95\%$）？

5 用一种新方法测定标准试样的二氧化硅含量，得到 8 个数据：34.30%，34.32%，34.26%，34.35%，34.38%，34.28%，34.29%，34.23%标准格为 34.33%，问这种新方法是否可靠（当 $P=95\%$，有没有系统误差）？

6. 某厂生产一种材料，在质量管理改革前抽检 10 个产品，测定其抗拉强度为 164.2MPa，185.5MPa，194.9MPa，198.6MPa，204.0MPa，213.3MPa，229.7MPa，236.2MPa，258.2MPa，291.5MPa，质量管理改革后抽检 12 个产品测定其抗拉强度为 210.4MPa，222.2MPa，224.7MPa，228.6MPa，232.7MPa，236.7MPa，238.8MPa，251.2MPa，270.7MPa，275.1MPa，315.8MPa，317.2MPa。问企业质量管理改进前后的产品质量是否相同。

7. 某实验员用新方法和标准方法对某试样的铁含量进行测定得到的结果如下：

标准方法：23.44%，23.41%，23.39%，23.35%

新方法：23.28%，23.36%，23.43%，23.38%，23.30%

问这两种方法间有无显著差异，即新立法是否存在系统误差？

8. 某实验室有两台光谱浴仪 A 和 B，用它们对某种金属含量不同的 9 件材料进行测定．得到 9 对观测值创下：

A 设备：D.20%，0.30%，0.40%，0.50%，0.60%，0.70%，0.80%，0.90%，1.00%

B 设备：0.10%，0.21%，0.52%，0.32%，0.78%，0.59%，0.68%，0.77%，0.89%

问根据测量结果，在 $\alpha=0.01$ 下，这两台设备的质量有无显著差异？

本章主要参考文献

[1] 周秀银. 误差理论与实验数据处理（第 1 版）. 北京：北京航空学院出版社，1986

[2] 孙炳耀. 数据处理与误差分析基础（第 1 版）. 开封：河南大学出版社，1990

[3] 肖明耀. 实验误差估计与数据处理（第 1 版）. 北京：科学出版社，1980

[4] 盖尔熹等. 实验误差与数相处理（第 1 版）. 北京科学出版社，1980

[5] 浙江大学普通化学教研组. 新编普通化学实验（第 3 版）. 北京高等教育出版

社,1996

[6] 欧阳国恩,欧阳荣主编. 复合材料试验技术(第四版). 武汉:武汉工业大学出版社,1993

[7] 刘爱珍. 现代商品学基础与应用(第1版). 北京:立信会计出版社,1998

[8] 浙江大学教学系高等数学教研组. 概率论与数理统计(第1版). 北京:人民教育出版社,1979

[9] 伍洪标. 玻璃热膨胀实验数据的计算机处理. 玻璃与陶瓷. 1986,1

[10] 伍洪标. 玻璃软化点温度的计算方法. 玻璃. 1988,1

[11] 赵家凤主编. 大学物理实验(第1版). 北京:科学出版社,2000

第二章 材料微观组织分析

实验1 金相试样的制备

一、实验目的

了解金相试样的选取原则，掌握金相试样的制备方法。

二、实验仪器和材料

QG-3型金相试样切割机，XQ-2B型金相试样镶嵌机，M-2型金相试样预磨机，P-2型金相试样抛光机，XJP-200型台式金相显微镜，金相样品，金相砂纸，抛光粉。

三、实验步骤

(1)将切割好的金属样品在XQ-2B型金相试样镶嵌机上镶嵌好。
(2)对镶嵌试样进行磨光、抛光并用适当的化学试剂浸蚀。
(3)在XJP-200型台式金相显微镜下观察制样效果。

四、制样基本知识

要观察金相组织，就需制备金相试样，也可称之为磨片。为了获得正确的结果，首先试样要有代表性，即所选取得试样能代表所要研究、分析的对象。其次必须使金相试样的磨面平整光滑，没有磨痕和变形层。为了显示金属与合金的内部组织，最后还需用适当的化学或物理方法对抛光面进行浸蚀。

第一节 金相试样的选取原则

用显微镜对金属的一小部分进行研究，其成功与否，首先取决于所取试样有无代表性。一般情况下，研究金属及合金显微组织的金相试样应从材料或零件在使用中最重要的部位截取，或在偏析、夹杂等缺陷最严重的部位截取。在分析损坏原因时，应在损坏的地方和完整的地方分别截取试样，以探究其损坏或失效的原因。对于有些产生较长裂纹的部件，则应在裂纹源处、裂纹扩展处、裂纹尾端分别取样，以分析裂纹产生的原因。有些零件的“重要部位”的选择，要通过对具体服役条件的分析才能确定。

金相试样的截取部位确定以后，还需要进一步明确选取哪个方向、哪个面作为金相试样的磨面。金相试样按照在金属制件或钢材上所取的断面位置不同，可分为横向试样与纵向试样。

横向试样常用于观察：

1. 试样自边缘至中心组织分布的渐变情况。
2. 表面渗层、硬化层、镀层等表面处理的深度及其组织。
3. 表面缺陷，如裂纹、脱碳、氧化、过烧、折叠等缺陷的深度。
4. 非金属夹杂物在整个断面上的分布情况。
5. 测定晶粒度。

纵向试样常用于观察：

1. 非金属夹杂物的大小、变形情况及其含量与分布。
2. 带状组织的存在或消除情况。
3. 因塑性变形而引起晶粒或组织变形的情况。

以上所述是取样的一般原则。对于一些常规检验的取样部位，有关的技术标准中都有明确规定，必须严格执行。

第二节　金相试样的截取

金相试样较理想的形状是圆柱状或正方柱体，其直径或边长约 10～20mm，高约 10mm。但在实际工作中其形状与大小以便于握在手中磨制为原则，对于要进行镶嵌的试样，可根据要求及镶嵌模的尺寸选择适当的大小。

从所选的部位上截取理想形状、适当大小的金相试样要采取金属切割的手段。软钢、普通铸铁以及有色金属可用一般的车、铣、刨等金加工方法，也可用手锯或机锯切取。有一定硬度的材料，如淬火处理后的钢铁材料，常用砂轮切割机切取。一些较大的部件可用氧乙炔气割，然后在热影响区外截取试样。对于硬而脆的材料，如白口铁可先将其击碎，然后挑选出合适的形状和尺寸的试样，或者把他们镶嵌成符合要求的金相试样。对于裂纹及缺陷等对尺寸要求较高的试样，可用线切割切取。无论采取何种方法截取试样，都必须保证所取试样的金相组织与原部件金相组织一致。

对于要测量表面处理层深的试样，要注意切割面与表面处理面垂直。

第三节　金相试样的镶嵌与夹持

当试样尺寸过小（如金属碎片、钢丝、钢带、钢皮等）不易握持，或者要保护试样边缘（如表面处理的检测，表面缺陷的检测等）则要对试样进行镶嵌或夹持。为达到保护试样边缘和便于手持操作的目的，要求夹具或镶嵌料紧贴试样，没有空隙，且夹具和镶嵌料的硬度要稍低于或等于试样的硬度，夹具和镶嵌料在浸蚀时应不影响试样的化学浸蚀过程。

在现代金相实验室中，广泛使用半自动化或自动化的磨光机和抛光机，要求试样的尺寸规格化，试样才能装入夹持器中，因此现代金相实验室里几乎所有试样均要求镶嵌。

金相试样在镶嵌或夹持前均应经过清洗，有条件的可用超声波清洗。在镶嵌或夹持后应编写上号码，以免试样之间产生混乱。

一、金相试样的夹持

金相试样夹持的特点是利用预先制备好的夹具装置，依照试样的外形分别选用不同类型的夹具。装置试样时应注意试样与夹具保持紧密平整接触，夹具与试样之间通常放入0.3～0.5mm 的有一定塑性的垫片。夹具中也可一层同时夹持多个试样，这时试样之间也应用金属垫片隔开。金属垫片的选择要考虑其电极电位，为了不影响试样的正常浸蚀，要求所选用垫片的电极电位高于试样金属，如黑色金属试样选用铜或镍片为好。

夹具一般为圆环形或板形，也可使用特制夹具。

用夹具夹持试样的最大优点是方便，尤其适用于有常规产品检验的企业。主要缺点是在缝隙中易留下水及浸蚀剂，使试样表面容易受污染，造成假象。

二、金相试样的镶嵌

有些金相试样体积很小，外形不规则，或者要求金相试样尺寸规范化，就需要对试样进行镶嵌。镶嵌可分为热镶嵌和冷镶嵌。冷镶嵌是指在室温下使镶嵌料固化，适用于不宜受压的软材料及组织结构对温度变化敏感或熔点较低的材料。热镶嵌是把试样和镶嵌料一起放入钢模内加热加压，冷却后脱模。在当前条件下，后者的使用更为广泛。

金相试样的镶嵌，在具体操作过程中有时要有一定的技巧，尤其是试样的放置方法，它会直接影响镶嵌的质量。

如果试样与镶嵌材料之间硬度差别较大，试样经镶嵌后磨抛，试样边缘总要发生倒角现象。国外有关厂商已推出不易发生倒角的镶嵌料产品，但由于价格等各方面因素在我国还没有实际应用。

第四节　金相试样的磨光

金相试样从极粗糙不平的表面制成光滑无痕的磨面要经过多道工序的操作。金相试样经切割、镶嵌成适宜尺寸后还需经过磨光及抛光两大工序。磨光的目的是得到一个平整的磨面，这种磨面上还留有极细的划痕，可以在以后的抛光过程中消除。磨光又可分为粗磨和细磨两步。

一、粗磨

由于切割得到的金相试样表面很粗糙，经过粗磨把所选磨面整修平整，并磨成所需的形状。由夹具夹持的金相试样也必须经粗磨使试样与夹具共有一个平整表面。

粗磨一般在砂轮机上进行。开始在砂轮外圆处磨削，基本平整后可在砂轮侧面磨削。砂轮机上磨削时容易产生大量的热量。接触压力越大产生的热量也越大，变形也越大。故具体操作时要注意接触压力不宜过大，同时应随时蘸入冷水冷却，以保证金相试样不受发热的影响。

一些软的材料应该用锉刀整修锉平，而不宜在砂轮机上进行平整。因为软材料磨削下的磨屑极易嵌入砂轮的空隙，使砂轮的磨削能力降低，接触热量增大，试样表面变形层增厚。

粗磨完成后，凡不作表面层金相观察的，棱边都应倒角成小圆弧，以免在以后的工序过程中将砂纸或抛光织物拉裂，有时还会在抛光时被抛光织物勾住飞出。

二、细磨

细磨的目的是消除粗磨遗留下来的深而粗的磨痕，为抛光做好准备。细磨本身包括多道操作，即在各号砂纸上由粗到细顺序进行。细磨操作方式有手工磨光和机械磨光两种。在磨光过程中如果用水或汽油、火油等润滑液则称之为"湿式磨光"，否则就称之为"干式磨光"。从磨光效率及质量而言，"湿式磨光"比"干式磨光"要好。

细磨的磨削工具是砂纸。砂纸由纸基、黏结剂、磨料组合制成。手工磨光主要使用干砂纸，机械磨光要求使用水砂纸。磨料种类主要有人造刚玉、碳化硅及氧化铝，按磨料颗粒的粗细尺寸将砂纸分为各种规格，分别编号。磨粒的尺寸一般用"粒度"单位，对用筛选法获得的磨粒来说，粒度号表示筛网在一英寸长度上有多少个孔眼，如 240 号粒度指 1 英寸长度上有 240 个孔眼的筛网。如果磨粒的粒度以其实际尺寸来表示，就用"W"单位，这种磨粒也称为微粉，如 28μm 的微粉，其粒度号为 W28，5μm 的微粉，其粒度号为 W5。

(1)手工磨光

手工磨光是把试样放在垫有平玻璃板或平铁板的金相砂纸上进行推磨。为了保证试样磨面平整而不产生弧形，应保证施力均衡，磨面与砂纸完全接触。同时磨削应单方向进行，向前推进时进行磨削。回程时把试样提离砂纸。

为了容易观察前一磨削过程留下的较粗磨痕的消除倾斜，磨削方向应与前一号砂纸留下的磨痕方向垂直，当磨面上的磨痕方向一致时即可更换下一道砂纸。更换砂纸时应主要清洁工作，如冲洗手、试样，以免将上道操作留下的磨削、磨粒带到下道操作过程中，磨制前砂纸表面也应清洁干净。

在细磨软的金相试样时，如铝、铜、镁等有色金属，18-8 型奥氏体不锈钢等材料试样，应该在砂纸上涂一层润滑剂，可以防止砂粒嵌入软金属材料内，同时减少表面撕损现象。常用的润滑剂有机油、石蜡、汽油溶液、汽油、皂化水、甘油水溶液等。

(2)机械细磨

随着技术生产的发展，费时的手工细磨操作目前正被便捷的机械细磨逐步取代。国外在一般情况下已不用手工操作制样，而是半自动及自动化操作制样。机械细磨的显著特点是效率高，同时由于在磨光过程中有水不断冷却、润滑，热量及磨削不断被带走，因此不易产生变形层，金相试样样品的质量容易控制。当然有特殊要求时，还可以不用冷却水润滑而进行干磨。

机械细磨要用水砂纸。机械粗磨时可选用粒度号为 50～180 的水砂纸，一般用于全自动磨光机上。机械细磨时，可分别选用粒度号为 240、320、400、600 的水砂纸。按水砂纸的安装来分为两种背基形式：一种背面光滑，安装时要用卡圈固定在圆盘上，或用少许牛油黏合，这是较为通用的一种；还有一种是外形与工作圆盘一致的、背面涂有压敏胶的水砂纸，使用时可直接粘贴在圆盘上，十分方便。

手工细磨时要求的一些事项同样适用于机械细磨过程，机械细磨时更应注意勿使金相试样发热。

用于机械细磨的还有铅磨光盘、蜡磨光盘，它们都是利用把硬磨料嵌入软基体内，由软基体支承磨料来磨削试样的原理。实际工作时，这种“磨盘”是“浇注”在金相抛光盘上而制成的。由于制造及使用不太方便，除磨制特殊试样外，目前一般已很少有人采用。

作为一种成品，直接可安装在磨抛机上使用的金刚砂盘已在国际上推广使用。它的基体是铜，铜中嵌有金刚砂粒。其磨削能力特强，故可长久使用，并可把多道细磨操作简化成一两道，因此效率很高。只是由于金刚砂磨盘价格昂贵，国内很少使用。

第五节　金相试样的抛光

抛光的目的是除去金相试样磨面上由细磨留下的细微磨痕，成为平整无疵的镜面。尽管抛光是金相试样制备中最后一道工序并由此而得到光滑的镜面，但在金相试样磨光过程中要多下工夫，因为抛光的作用仅能去除表层很薄一层金属，所以抛光效果好坏很大程度上取决于前几道工序的质量。有时抛光之前磨面上留有少量几条较深的磨痕，即是增加抛光时间也难以除去，一般必须重新磨光。故抛光前应仔细检查磨面，是否只留有单一方向均匀的细磨痕，否则应重新磨光。

金相试样的抛光方法按其作用本质分为机械抛光、电解抛光及化学抛光。机械抛光是靠抛光微粉的磨削、滚压作用把金相试样抛光成光滑的镜面；电解抛光则靠电化学作用；化学抛光是利用纯化学溶解作用达到抛光目的。

一、机械抛光

机械抛光是抛光微粉与金相使用磨面相对作用的结果。抛光微粉比磨光用磨料要细，有的极细。根据研究结果，一般认为抛光过程中抛光磨料对试样磨面的作用有两个方面：①磨削作用：抛光微粒被嵌入抛光织物的间隙内，暂时固定，起着如磨光用砂纸的作用。②滚压作用：抛光微粒很容易从抛光织物中脱出，甚至飞出抛光盘。这些脱出的微粒在抛光过程中夹在抛光织物与试样磨面之间，对磨面产生滚压作用，使金属表面凸起部分移流到凹洼部位。此外，抛光织物与磨面之间的机械摩擦也有助于“金属的流动”。显然滚压作用会产生一层很薄的变形层，即扰乱层，使得磨面不能正确显示原来的组织结构，为了减少变形层厚度，应该正确选择工艺参数、抛光材料，仔细操作。

(1)机械抛光设备

抛光设备的主要工作部分是抛光盘。抛光盘由不易生锈的铸铜或铸铝制成，安装在主轴上并由轴承支承作水平转动。金相试样的抛光分粗抛和细抛两道操作，一般希望在两个抛光盘上进行。因此除了有单头的抛光机外，还有双头组合抛光机，双头抛光机有的用一个电动机，有的用两个电动机分别带动。

随着科学技术的发展，抛光机日趋自动化，一般都可以同时抛光多个试样，制样的效率、质量不断得以提高。随着电子计算机的发展、普及，国外已逐步把计算机运用到自动抛光机上，使自动抛光机能实现程序自动控制。

(2)抛光微粉

作为磨料,就应该具有高的硬度、强度,其颗粒应该均匀。好的磨粒外形尖锐呈多角形,一旦破碎也会增加磨粒的切削刃口。若磨粒极易磨钝而呈圆粒,就失去磨削作用,只能在抛光盘和试样磨面之间振动,使磨面表面生成有害的扰乱层,更有害的是会把非金属夹杂拖出,使凹痕扩大。因此作为金相试样抛光磨料必须要有所选择。一方面是切削性能,另一方面是颗粒尺寸必须$\leqslant 28\mu m$,而且必须均匀。最大磨粒的尺寸不得大于最小磨粒的3倍,对于某一规格内的较大磨粒及较小磨粒的含量有一定的限制。只有使用符合上述要求的抛光微粉才能使试样磨面经抛光后达到质量要求。

长期以来作为金相抛光微粉的材料主要有氧化铬、氧化铝、氧化镁、氧化铁等。

氧化铬(Cr_2O_3):原是一种不褪色的绿色染料,具有很高的硬度,常用来抛光淬火后的合金钢试样,也可用于铸铁试样。若分粗抛、精抛两道操作,氧化铬一般用于粗抛。市售的氧化铬粉应经水选分级,选其细小均匀的使用。

氧化铝(Al_2O_3):硬度极高,略低于金刚石及碳化硅。天然的氧化铝称刚玉。广泛使用的是人工制得的电熔氧化铝砂粒(人造刚玉)。刚玉的纯度越高越接近无(白)色透明,杂质越多暗红色就越深。金相抛光采用透明氧化铝微粉。氧化铝具有同素异构转变的特性,随温度变化有α、β、γ三种不同的结晶点阵结构。α氧化铝属六方晶系。γ氧化铝为正方晶系,粒子极细,呈薄片状。压碎后成为更细立方形颗粒,增加了锐利的刃口,对磨削极有利。因此γ氧化铝是很理想的精抛磨料。β氧化铝不适宜作为精抛磨料。天然刚玉只有α晶型存在,人造刚玉有α及γ不同的晶型。

以上两种抛光粉要分别将它们制成水悬浮溶液后使用。开始操作时浓度可高些,以后浓度逐渐减低。若进行水选分级,可得到更高质量的抛光料。水选分级的方法很简单,让制得的水悬液静置沉降,粗的磨料沉得快,2~10分钟后析出悬浮液即可使用。时间越长,析出的磨粒越细,沉下的砂粒可得到粗一级的抛光磨料。

氧化镁(MgO):一种粒度极细的精抛磨料,很适于铝、锌等有色金属的抛光,也适于抛光铸铁及夹杂物检验的试样,因为它对非金属夹杂物的拖出作用极小。作为抛光用的氧化镁呈八面体外形,具有一定硬度并用良好刃口。氧化镁极易潮解形成氢氧化镁或碳酸镁(若有足够的CO_2存在),磨削性能也随之丧失。因此氧化镁应该用蒸馏水随用随调制,平时氧化镁应密封保藏,切勿受潮。

氧化铁(Fe_2O_3):无水三氧化二铁结晶,又称红粉,用它抛光虽可得到极光亮表面,但容易形成变形层,故很少采用。

除了以上几种抛磨料外,金刚石研磨膏及金刚石喷雾剂日益得到广泛的使用。它的特点是抛光效率高,抛光后的表面质量好。金刚石粉有天然和人造两种,前者的磨削性能更好,但价格更贵。

金刚石粉作为抛光材料是极理想的,归纳起来有三个优点:a. 磨粒硬度极高,刃口极尖锐,对硬材料、软材料都有良好的切削作用。b. 磨粒基本上只产生磨削作用而无滚压作用,所以几乎不产生干扰层。c. 磨粒的切削能力很高,使用寿命也很长,所以磨粒消耗极少。

(3)抛光织物

抛光织物在抛光过程中主要起支承抛光磨料的作用,从而产生磨削作用,并可阻止磨料因离心作用而飞散出去。其次是起到储存部分水和润滑剂的作用,使抛光能顺利进行。另外织物本身能产生摩擦作用，使试样表面更加光滑、平整。

抛光织物的品种很多，有棉织物、毛织物、丝织物及人造纤维织物等。一般可依其表面绒毛的长短将其分为三类：a. 具有很厚的绒毛的织物，如天鹅绒、丝绒等是常用抛光织物。绒毛厚能储存更多润滑剂，尤其适于精抛，但对夹杂物检测的试样或铸铁试样，厚绒毛会导致产生"曳尾"现象，故不太适宜。b. 没有绒毛的织物，使用时应该用其反面作为抛光面，主要用于抛光杂物。c. 介于两者之间，具有较短绒毛的织物，如法兰绒、花呢、各级重量的帆布等，常用作粗抛织物。目前化纤发展很快，一些化学纤维产品，如：尼龙、的确良、植绒布等也可用于抛光。

抛光操作对织物的要求是：织物纤维柔软，坚固耐磨，不易撕破。抛光织物的选择主要决定于试样材料的性质与检验目的。

(4)抛光操作

金相试样的抛光工序一般分为粗抛光和精抛光两道操作。若进行不照相的普通常规金相检验，也可一次操作。较软的合金一般不经粗抛而直接进行精抛光，或采用其他抛光技术，以免造成严重的扰乱层。

粗抛光的目的是消除由细磨留下的磨痕，为精抛光提供更佳条件。粗抛用织物常用帆布、法兰绒，粗抛用微粉是抛光微粉中较粗的一类。抛光时抛光盘转速最好在 400～600r/min 范围内。

抛光时握稳试样，手势要随应试样磨面并使之平行于抛光盘平面，磨面应均衡地压在旋转的抛光盘上。开始时将试样由盘中心向边缘左右移动，所施压力不能太大。抛光将近结束时，试样应该从边缘向中心移动，以降低抛光线速度，同时压力应越来越轻。在抛光过程中要随时补充磨料及适量的水或润滑剂。抛光盘的湿度对抛光质量影响很大，若水分太多会减弱抛光磨削作用，增加滚压作用，使试样内较硬相呈现浮雕，使非金属夹杂物及铸铁中的石墨拖出。若水分太少，润滑作用就会大大减弱，可能拖伤磨面，试样磨面将变得晦暗而有斑点。抛光最合适的湿度可由磨面上水膜蒸发的时间来决定：当磨面离开抛光盘后磨面上的水膜经 1～5 秒即被蒸发，被认为是最理想的湿度。试样粗抛所需时间约 2～5 分钟，待细磨后的磨痕消除后即应停止。抛光时压力太大或抛光时间过久都会导致变形、扰乱层增厚。粗抛光结束后磨面已较光滑，但仍暗淡无光。

精抛光的目的是消除粗抛光所留下的抛光痕迹，得到光亮平整的磨面。精抛光的操作与粗抛基本相同，只是磨面应均衡的更轻地压在抛光盘上，并不断地左右移动。在抛光即将完成阶段可略微逆着抛光盘旋转方向移动金相试样，最后在抛光盘中心提起试样。这样可不断变换抛光方向，防止非金属夹杂物的"曳尾"现象。当磨痕完全消除后，应立即停止抛光，以减少表层金属变形。一般精抛光约需 3～5 分钟，未经粗抛光的试样，时间相应长些。

抛光全部完成后先用水冲洗，有一定硬度的试样还可用湿的脱脂棉轻轻揩拭掉磨面上残留的磨粒。再在酒精中清洗，然后用洗耳球及吹风机吹干，吹干后若不马上浸蚀观察，则应放入干燥缸内，以免受潮生锈。

金相试样经抛光后应光亮无痕，100 倍下观察应看不到任何细微的划痕，非金属夹杂物不允许有曳尾现象。若不符合要求则应重新抛光，严重的应从磨光开始重做。

在试样制备过程中，表层金属由于受机械力的作用会产生变形扰乱层，影响组织的正确显示，混淆分析结果，尤其是一些软材料的试样，如奥氏体钢、铝合金、铜合金等有色金属。

这种变形扰乱层可用交替抛、浸蚀的方法得以消除。开始几次可浸蚀深一些，浸蚀后再抛光成镜面，然后再浸蚀观察，一般试样经四五次操作即可。若变形扰乱层很厚，则应增加次数。有些试样材料硬度较高，操作符合规范，经一次浸蚀即可消除扰乱层，不必再交替操作。

二、电解抛光

电解抛光是靠电化学的作用使金相试样磨面平整光洁。在一定的电解条件下，试样表面凸出部分的溶解比凹陷处快，渐渐使试样表面由粗糙不平变成平坦光亮。

电解抛光仅仅是电化学溶解作用，不会引起表层金属变形或流动而形成扰乱层，因此硬度较低的金属、单相合金采用电解抛光最佳，如奥氏体不锈钢、高锰钢、铜合金等采用电解抛光效果比机械抛光好得多。电解抛光即可节省抛光时间，又能节省抛光材料，对前道磨光操作要求不高，一般经 400 号水砂纸预磨后即可进行电解抛光，工艺参数一经确定，效果较稳定，对于大面积的金相试样，同样可获得良好效果，且适当降低电压即可进行浸蚀。

但是，电解抛光对材料化学成分不均匀性、显微偏析特别敏感，电解抛光时在金属基体与夹杂物界面处会受到剧烈浸蚀。故电解抛光对偏析显著的金属材料、铸铁及作夹杂物检验的金相试样还有相当困难，因此，电解抛光目前还不能完全替代机械抛光。此外，电解液成分多样复杂，对具体材料要掌握可行的具体规范还有一定的难度。

三、化学抛光

化学抛光同电解抛光一样不易产生机械抛光容易出现的变形层，尤其适于软材料，操作简便，对抛光试样尺寸形状要求不高。缺点是化学药品消耗量大，成本高，不适于高倍分析。

化学抛光的实质与电解抛光类似，是化学药品对表面金属不均匀溶解的过程，试样磨面逐渐转变成光亮表面，因此化学抛光又称为化学光亮处理。在溶解过程中，同电解抛光一样，在试样表面也有一层氧化膜产生，其厚度随表面凹凸而不同，这是使试样表面逐渐光洁的主要原因。但是化学抛光对磨面凸出处的溶解速度没有电解抛光迅速，因此化学抛光不能达到表面平整的要求，即从微观而言，表面还是呈较光滑而起伏的波浪形。虽然延长抛光时间可略微提高平整度，但随之会带来产生浸蚀斑的可能。

尽管化学抛光处理的试样不如电解抛光、机械抛光处理的磨面平整，但磨痕确已被消除，并不妨碍在较低倍数下观察组织，因为一般表面不平整的垂直距离不超过低倍或中倍物镜景深。

化学抛光兼有化学浸蚀的作用，能显现出金相组织，故化学抛光后不必再经过浸蚀操作，即可在显微镜下观察。此外，化学抛光对试样磨面的预先磨光要求不高，一般经 280 号水砂纸湿磨后即能顺利进行化学抛光。

第六节　显微组织的显示

金相试样经抛光后，在低倍显微镜下应看不到划痕。按照需要可以检验非金属夹杂物、游离石墨、显微裂纹、表面镀层等项目。有些合金由于各组织组成物的硬度相差极大，或者由于各组织组成物本身色泽显著不同，在显微镜下也能粗略区分。如铝合金 α 基体与其中的某些金属间化合物、铅青铜中亮黄色铜基体上分布有暗黑的铅点，它们未经浸蚀就能观察。但一般抛光面上的金相组织是看不出的。

为了把磨面表层的变形层除去，同时还要把各个不同的组成相显著地区分开来，得到有关显微组织的信息，就要进行金相显微组织的显示工作。按金相组织显示方法的本质可以分为化学、物理两类。化学方法主要是浸蚀方法，包括化学浸蚀、电化学浸蚀及氧化法等，是利用化学试剂或电化学作用显示金属的组织。物理方法是借金属本身的力学性能、电性能或磁性能显示出显微组织。

无论是化学法还是物理法，常常还要借助于显微镜上某些特殊装置，应用一定的照明方式以获得更多更准确的金相组织信息。其中包括暗场、偏光、干涉和相衬。有人称之为“光学”显微组织法，这也是现代金相技术的重要手段之一。

五、实验要求

自行制备出效果较好的金相样品。

实验 2　金相分析

一、实验目的

(1)了解金相显微镜的基本结构及光学原理,掌握金相显微镜的使用方法;

(2)通过观察各种铁碳平衡组织及铸铁组织,熟悉各类组织结构特征及相应的性能;

(3)了解淬火和淬火+回火组织以及常用模具钢、不锈钢、轴承钢及焊接件的金相组织特征。

二、实验仪器和材料

XJP-200 型台式金相显微镜,Panasonic PT-U1X65 型投影仪,各种铁碳平衡组织及铸铁组织试样。

三、实验步骤

(1)了解金相显微镜的基本结构、光学原理及使用方法。

(2)熟悉铁碳相图及其在显微分析中的作用。

(3)记录几种典型材料的显微组织。

四、各类组织简介

第一节　铁碳平衡组织

1. 工业纯铁

室温下,铁素体中最多只能溶解 0.008%的碳,超过此含碳量,则沿铁素体晶界有三次渗碳体析出,一般工业纯铁在室温下的组织为铁素体和晶界上少量的三次渗碳体组成,热轧后空冷的工业纯铁组织中往往不出现三次渗碳体。

2. 亚共析钢

亚共析钢含碳量为 0.0218%~0.77%,从液态结晶结束时得到的单相奥氏体,在以后的冷却过程中,因同素异构转变部分奥氏体转变成了铁素体,当温度达到 727℃共析转变温度时剩下的奥氏体全部转变成了珠光体。本次实验以 45 及 60 钢为例,这两种钢在室温下的组织均由铁素体和珠光体所组成,所不同的是二者的相对量,45 钢中珠光体约占 55%左右,而 60 钢中约有 75%的珠光体,可用杠杆定律加以计算。

3. 共析钢

共析钢即我们平时所称的 T8 钢,室温下组织全部为珠光体,在较大的放大倍数下,可以分辨出珠光体中的铁素体与渗碳体。

4. 过共析钢

含碳量超过 0.77%的钢称为过共析钢,过共析钢从液态结晶结束得到单相奥氏体,在以后的冷却过程中，因奥氏体中碳的溶解度变化，而沿着奥氏体晶界析出二次渗碳体，在过共析钢中二次渗碳体常呈网状，过共析钢中的含碳量愈高则二次渗碳体的网络就愈粗愈趋完整。由于渗碳体是硬而脆的相，当钢中有完整的二次渗碳体网络形成时，常使钢的塑性、韧性大大降低。

5. 白口铸铁

含碳在 2.11%～6.69%之间的铁碳平衡组织称为白口铸铁，白口铸铁是因其断口呈白色而得名。不论哪种白口铸铁都有莱氏体组织及大量的渗碳体相，其性能硬而脆。

1)亚共晶白口铸铁

亚共晶白口铸铁含碳量在 2.11%～4.3%范围内，其室温下的组织为珠光体和变态莱氏体所组成，其中珠光体是由初生的树枝状奥氏体转变得到，故呈粗大的树枝状分布于变态莱氏体之间，而变态莱氏体又为较细小的珠光体与渗碳体的混合物。

2)共晶白口铸铁

共晶白口铸铁含碳量 4.3%，室温下组织全为变态莱氏体，变态莱氏体中的珠光体是由共晶中的树枝状奥氏体转变得到，由于共晶组织比较细密，故珠光体以细小卵状分布在共晶渗碳体的基体上而组成了变态莱氏体。

3)过共晶白口铸铁

过共晶白口铸铁含碳量在 4.3%～6.69%范围内，其室温下的组织为一次渗碳体和变态莱氏体所组成，一次渗碳体以平面树枝晶形结晶，在显微镜子下呈粗大的白色片条状。

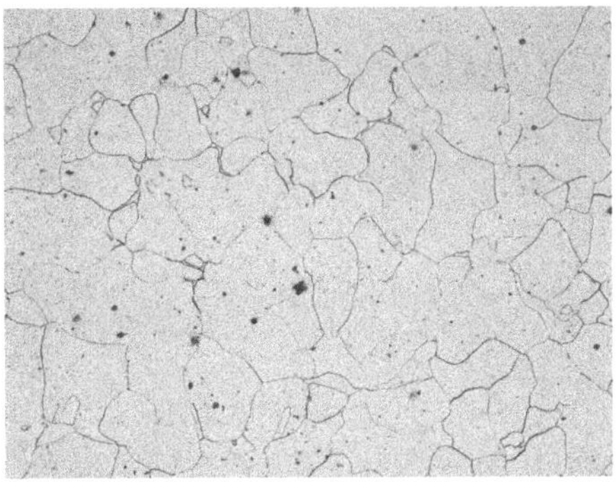

图 2-1　工业纯铁　200×

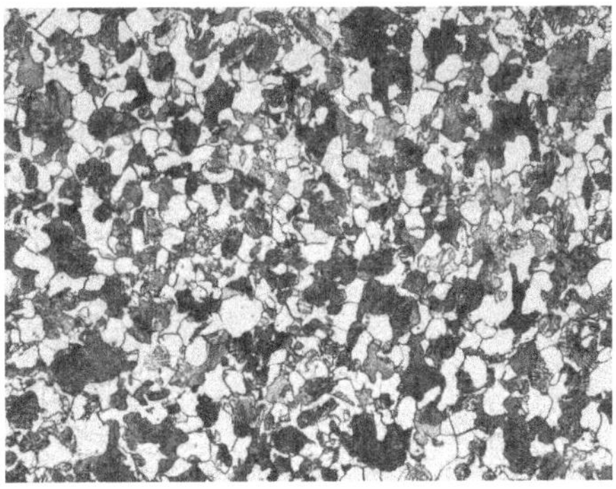

图 2-2　45 钢　200×

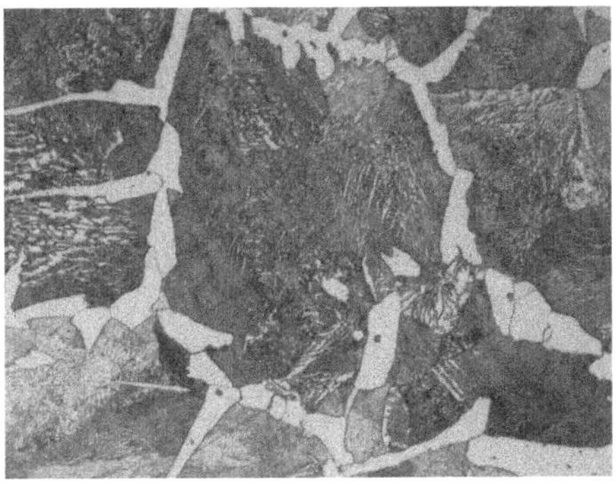

图 2-3　60 钢　500×

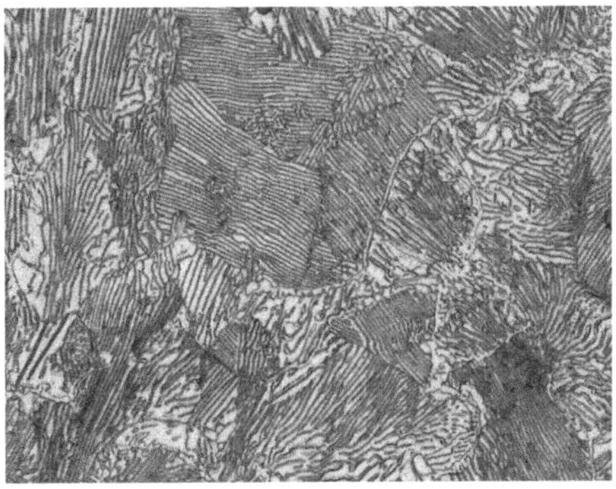

图 2-4　T8 钢　500×

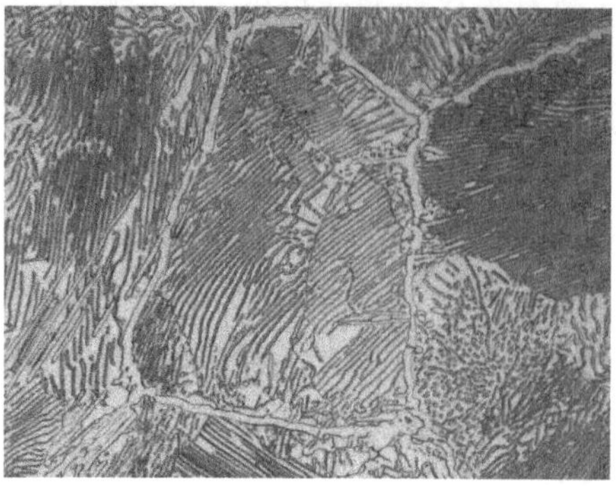

图 2-5　T12 钢　500×

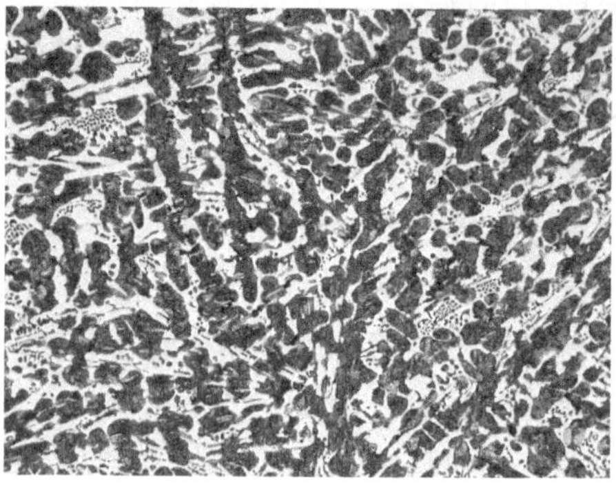

图 2-6　亚共晶白口铸铁　100×

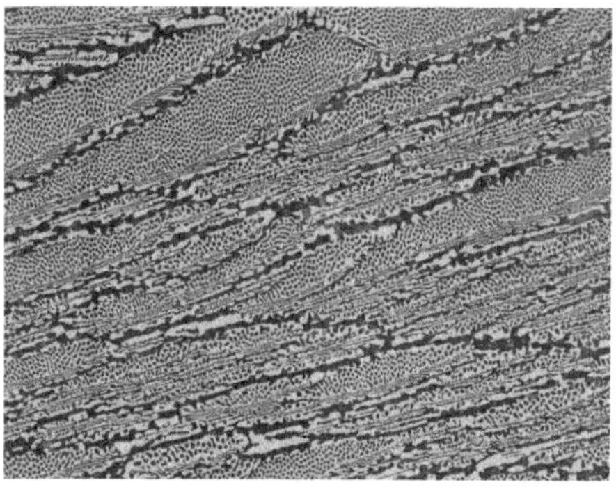

图 2-7　共晶白口铸铁　200×

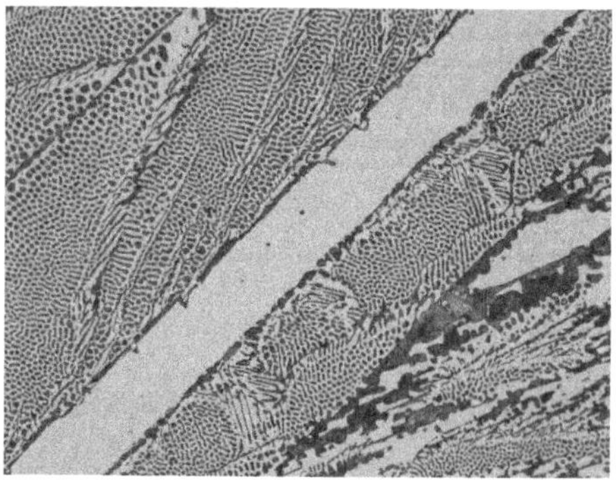

图 2-8　过共晶白口铸铁　200×

第二节　铸铁组织

铸铁是铁一碳合金(或更确切地说是 Fe-C-Si 合金),其含碳量一般在 2%以上,根据碳在铸铁中存在的形态是以渗碳体(Fe_3C)还是以自由状态(石墨)存在及石墨的形态差异,分为白口、灰口、可锻及球墨铸铁等,如有合金元素存在则称合金铸铁。

决定铸铁的铸态组织的因素主要是化学成分和冷速。碳和硅的含量越多则越有利于石墨化,冷速越快越不利于石墨化,因而在铸型材料不同或截面厚度不同时,铸态组织也不同,冷速快者易得白口,慢者易得灰口。此外即使同一截面上的铸态组织,若表面冷却快,心部冷却慢,也可得到表层白口,心部灰口的混合组织,在这些组织的交界区域将同时出现莱氏体(或游离渗碳体)与石墨,这种铸铁称为混合铸铁。铸铁中往往含磷较多,因而出现磷共晶,它可由二相($\alpha+Fe_3P$)或三相($\alpha+Fe_3P+Fe_3C$)组成,在显微镜下呈现小块状或网状的白色基体(Fe_3P),其中分布着 α—Fe 质点(有时也有奥氏体分解产物)及粒状、条状或针状碳化物。

1. 白口铸铁:如前所述。

2. 灰铸铁:灰铸铁是一种断口呈灰色、碳主要以片状石墨出现的铸铁。普通灰口铸铁和低合金铸铁中的石墨均呈片状,但分布形状和大小各不相同,根据中华人民共和国"灰铸铁金相标准"的规定,将石墨形状分为A、B、C、D、E、F六种,将石墨大小分为八级。灰口铸铁是在钢的基体上分布着一些片状石墨,由于石墨的强度和塑性几乎为零,因此石墨的存在就像在钢的基体上分布着许多细小的裂缝和空洞,破坏了金属基体的连续性,减小了有效承载面积,并且在石墨尖角处容易产生应力集中,所以灰口铸铁的强度、塑性和韧性远不如钢。铸铁中的石墨数量越多,尺寸越大,分布越不均匀,对基体的割裂作用和应力集中现象就越严重,铸件的强度、塑性和韧性就越差,但石墨的存在对抗压强度和硬度的影响不大。石墨虽然降低了铸铁的力学性能,但由于石墨的存在,也使灰口铸铁获得一些优异性能,如良好的铸造性能,较高的耐磨性、减震性及低的缺口敏感性。

3. 可锻铸铁:可锻铸铁是凝固为白口铸铁的生坯,经过固态石墨化一高温退火处理,使共晶渗碳体分解,形成团絮状石墨的一种铸铁。由于石墨呈团絮状,大大削弱了石墨对基体的割裂作用,它的强度高于灰口铸铁而接近球墨铸铁,并具有良好的韧性,其耐磨性和减震性优于普通碳素钢,铸造性能略低于灰口铸铁,切削性能优于钢而接近灰口铸铁,适用于大量生产薄壁中小型铸件。可锻铸铁又名马铁、玛钢。可锻铸铁实际上并不可锻,仅说明它具有一定的韧性和塑性,在使用中能承受一定的变形,适宜于制作各种管接头,汽车后桥外壳,低压阀门等零件。

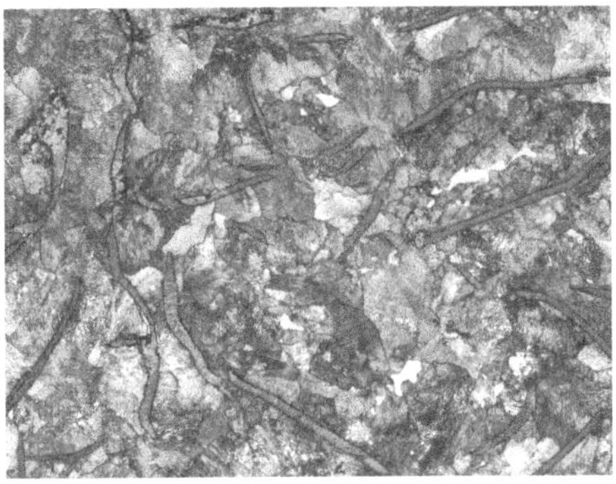

图2-9 灰铸铁 200×

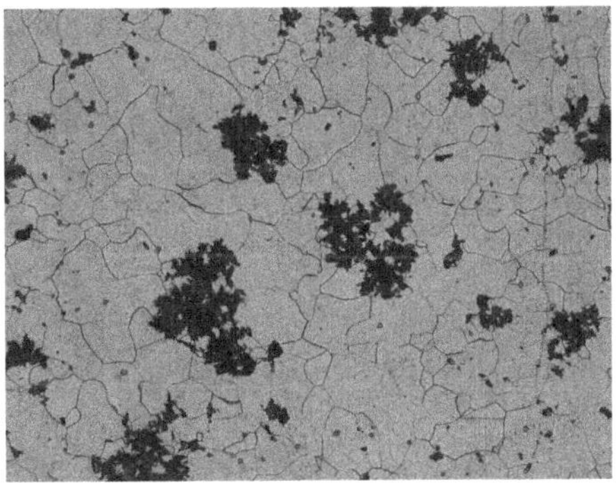

图2-10 可锻铸铁 100×

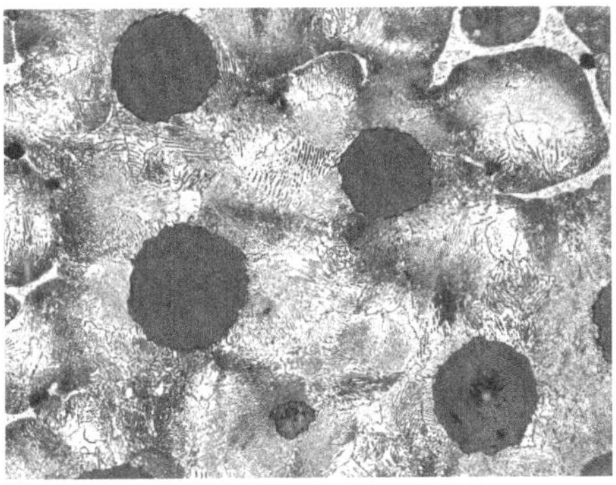

图2-11 球墨铸铁 200×

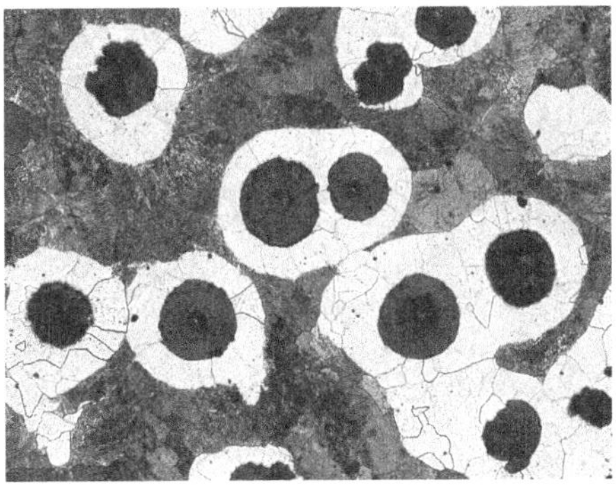

图2-12 球墨铸铁 200×

4. 球墨铸铁：球墨铸铁是一种铸态下呈现球状石墨的铸铁。当向铸铁中加入球化剂（纯镁、稀土镁等合金）和孕育剂（硅铁或硅钙合金），则可改变铸铁的共晶转变特征。一般灰铸铁在共晶转变时，液相既与奥氏体又与石墨接触，所以石墨呈片状生成。加镁铸铁在共晶转变时，它只与奥氏体接触，在石墨周围形成奥氏体外壳，当逐渐凝固后碳是通过周围的奥氏体外壳向石墨堆集，使石墨均匀生长形成球状。

第三节　马氏体

马氏体相变是一种非扩散型相变，它是提高钢的硬度、强度的主要途径，经过不同温度回火，其性能可满足零件不同要求。

钢中马氏体的形态虽然多种多样，但就其特征而言，大体上可分为以下几类：

1. 板条马氏体：是低、中碳钢，马氏体时效钢，不锈钢等铁系合金中形成的一种典型的马氏体组织。亚结构是位错，又称位错马氏体。

2. 片状马氏体：常见于淬火高、中碳钢及高镍 Fe-Ni 合金中，亚结构是孪晶。

图 2-13　板条马氏体　200×

图 2-14　板条马氏体　500×

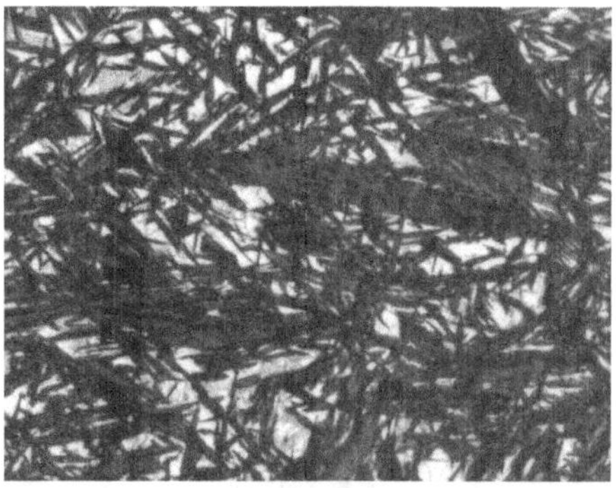

图 2-15　片状马氏体　1000×

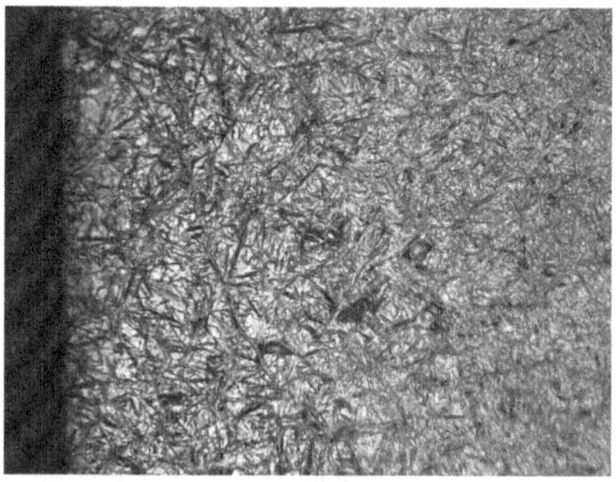

图 2-16　片状马氏体　100×

3. 其他马氏体形态

A：蝶状马氏体：在 Fe-Ni 合金或 Fe-Ni-C 合金中当马氏体在某一温度内形成时，会出现具有特异形态的马氏体，这种马氏体的立体形状为细长杆状，其断面呈蝴蝶形，其内部亚结构为高密度位错，看不到孪晶。

B：薄片状马氏体：这种马氏体是在 Ms 点极低的 Fe-Ni 合金中发现的。它呈非常细的带状（立体图形为薄片状），带相互交叉、呈现曲折、分枝等特异形态，它是由孪晶组成的全孪晶型马氏体。

C：ε 马氏体：上述各种马氏体都是体心立方或体心正方结构，在 Fe-Mn 合金中，当锰含量超过 15％时，淬火后形成 ε 马氏体，它是密排六方结构的，其金相形态呈极薄的片状。

第四节　贝氏体

贝氏体是过饱和铁素体和渗碳体组成的两相混合物，钢中贝氏体的金相形态是多变的，转变温度和合金元素对贝氏体的金相形态都有影响。钢中贝氏体主要包括上贝氏体、下贝氏体和粒状贝氏体。

1. 上贝氏体：钢中上贝氏体是成束的大致平行的条状铁素体和条状平行的渗碳体组成的非层状组织。上贝氏体的形成温度在贝氏体转变区的上部，普通中高碳钢上贝氏体的形成温度范围约为 350～550℃，在低碳钢中形成温度要高些，光学显微镜下，当转变量不多时，可以观察到成束的自晶界向晶内生长的铁素体，从整体看呈现羽毛状，但分辨不清的渗碳体粒子。上贝氏体中的亚结构是位错，其密度随转变温度的降低而增高。

2. 下贝氏体：钢中典型的下贝氏体是片状铁素体与其内部沉淀的碳化物的两相组织。对一般中、高碳钢，它的形成温度约在 350℃至 M_s 点之间，其铁素体中的含碳量较上贝氏体中的铁素体具有更大的饱和度，在光学显微镜下观察，铁素体相呈针状或片状，针与针之间相交一定角度，分辨不清碳化物，因此未附图片。

下贝氏体与高碳钢的回火马氏体非常相似，都呈暗灰色针状，各个针状物之间都有一定夹角，在光镜下难以区别，一般下贝氏体比回火马氏体更易受浸蚀变黑。下贝氏体铁素体中位错密度比上贝氏体的铁素体中更高，但未发现有孪晶亚结构存在。

3. 粒状贝氏体：粒状贝氏体是由块状（等轴状）的铁素体和富碳奥氏体区组成，由于富碳奥氏体区一般呈颗粒状而得名粒状贝氏体。实际富碳奥氏体可能呈小岛状、小河状等。

富碳奥氏体区既可分布于铁素体晶粒内部，也可分布于铁素体晶界上。它在随后的转变中可能有三种情况：(1) 当奥氏体稳定性较低时，部分或全部分解为铁素体和碳化物；(2) 当奥氏体较稳定，M_s 点不太低时，一部分转变为马氏体，一般属孪晶马氏体；(3) 当奥氏体很稳定，而 M_s 点又较低时，可能全部保留下来而成为残余奥氏体。

图 2-17　上贝氏体　200×

图 2-18　上贝氏体　200×

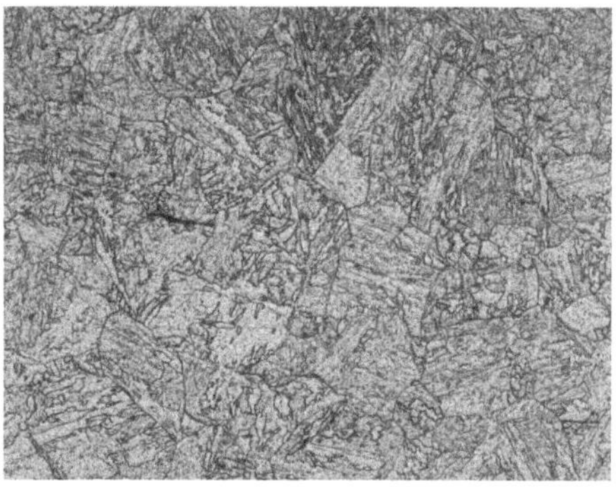

图 2-19　粒状贝氏体　200×

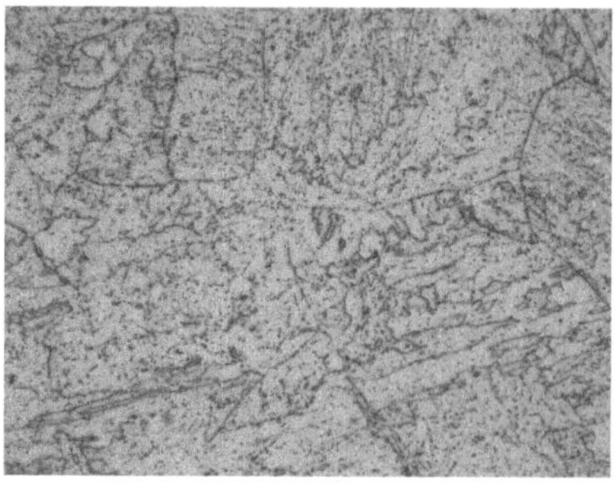

图 2-20　粒状贝氏体　500×

第四节　其他常见金相组织

对其他常见材料的金相组织就其组织特征略作说明。

回火索氏体一般为中碳钢或中碳合金钢调质处理(淬火+高温回火)后得到,图 2-21 显微组织为回火索氏体+少量铁素体。

回火屈氏体一般为弹簧钢或低合金工具钢淬火+中温回火后得到,图 2-22 显微组织为回火屈氏体+少量残余奥氏体+细小颗粒状碳化物。

图 2-23 显微组织为奥氏体,晶内有较多孪晶。图 2-24 马氏体不锈钢组织为马氏体+少量残余奥氏体及细小颗粒状碳化物。

图 2-25 为 Gr15 轴承钢正常组织,组织为回火马氏体+细小颗粒状碳化物,黑白区较分明,亮区一般沿奥氏体晶界呈网状分布,此处 Ms 点较低,不易自回火,故呈白色。图 2-26 则马氏体针较粗大,碳化物呈轻微带状分布。

图 2-27 及图 2-28 显示 Gr12 模具钢显微组织为回火马氏体+呈带状分布的碳化物。

图 2-29 显示 H13(4Cr5MoV1Si)显微组织为回火马氏体+回火托氏体。图 2-30 显示

W6Mo5Cr4V2 显微组织为回火马氏体＋少量残余奥氏体＋颗粒状碳化物。

图 2-31 为正常球化退火组织，即球状珠光体(铁素体基体上分布渗碳体颗粒)，图 2-32 为球化退火不良组织，其中有少量粗片状珠光体，一般为球化温度偏高所致。

图 2-33 显示组织为珠光体＋网状及针状铁素体，呈魏氏组织形态。魏氏组织是一种缺陷组织，是指由晶界向内生长的针状铁素体或渗碳体，其中以针状铁素体最为常见，魏氏组织铁素体一般在过热组织及焊接热影响区较常见。

图 2-34 紫铜及图 2-35 黄铜退火组织均为呈孪晶分布的 α 相。

图 2-36 显示 B30 白铜(Cu-Ni 合金)铸态下呈明显的树枝状组织。

图 2-37 铝合金未变质处理组织为白色 α 固溶体基体＋块状初生硅及灰色针状共晶硅。

图 2-38 铝合金变质处理后组织为白色 α 铝固溶体＋呈网状分布的灰色球状、椭圆状及短条状铝硅共晶组织。

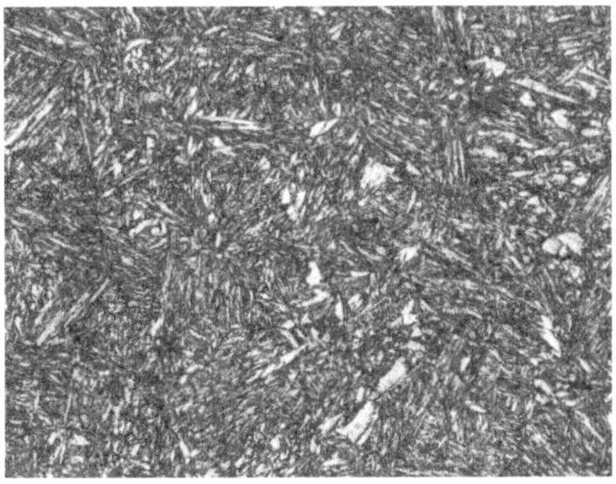

图 2-21　回火索氏体　500×

图 2-22　回火屈氏体　500×

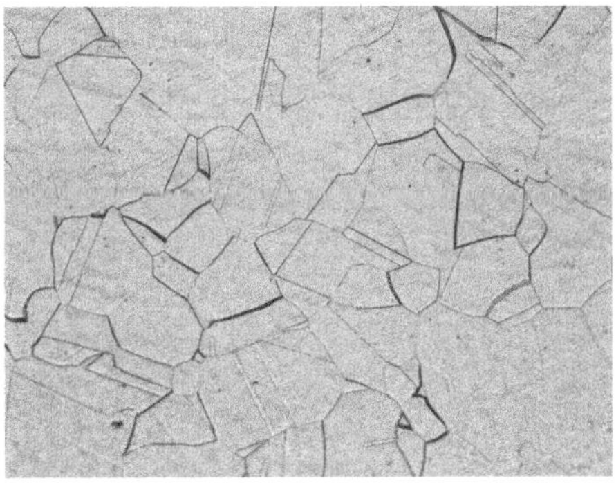

图 2-23　奥氏体不锈钢　200×

图 2-24　马氏体不锈钢　500×

图 2-25　轴承钢　500×

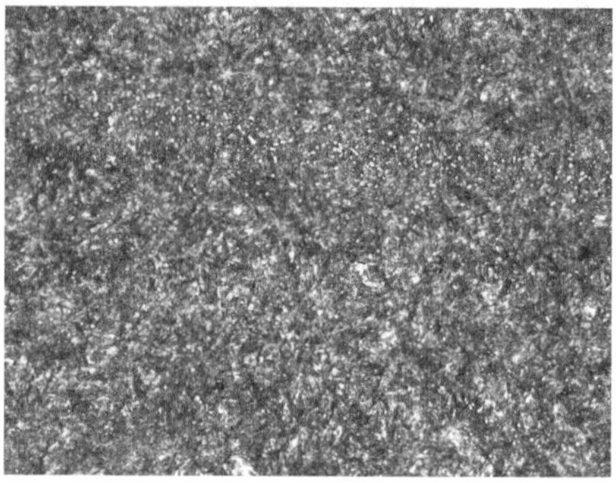

图 2-26　轴承钢　500×

图 2-27　回火索氏体　500×

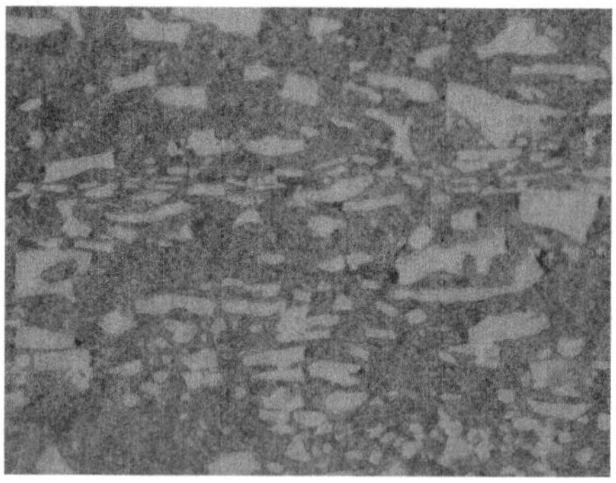

图 2-28　回火屈氏体　500×

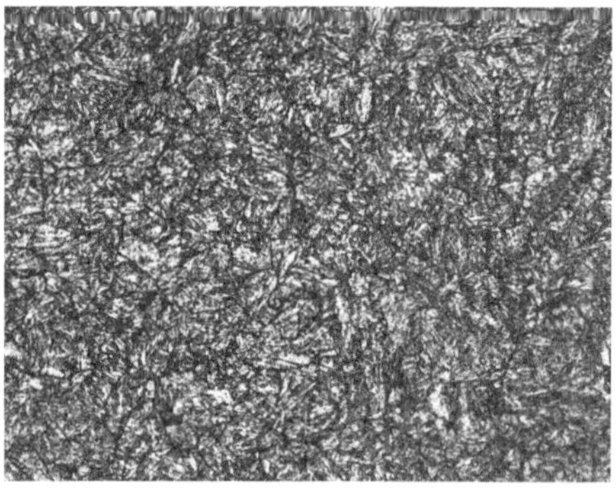

图 2-29　工具钢　500×

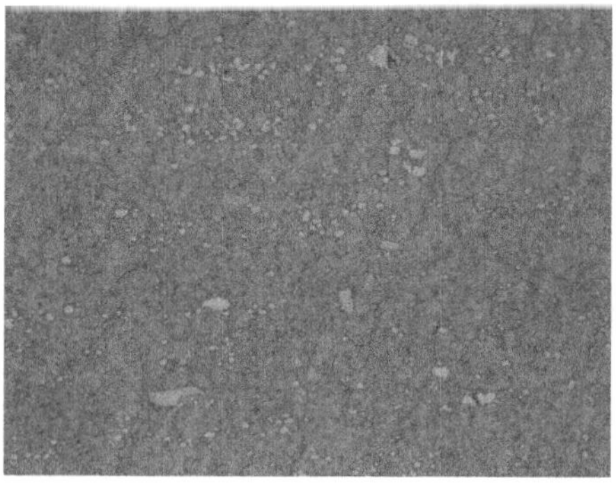

图 2-30　工具钢　500×

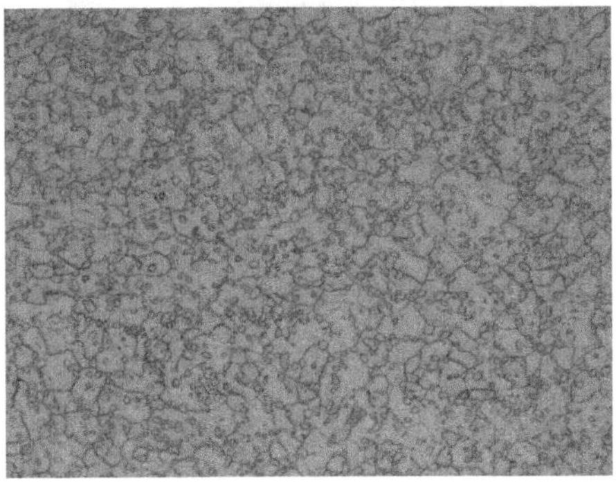

图 2-31 球化退火 500×

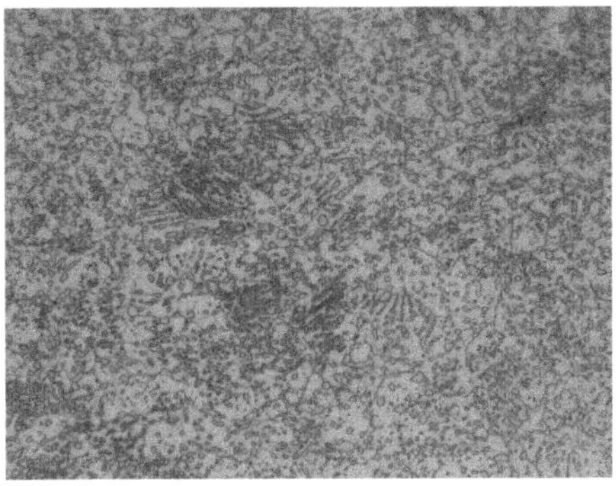

图 2-32 球化退火 500×

图 2-33 魏氏组织 200×

图 2-34 紫铜 200×

图 2-35 黄铜退火 200×

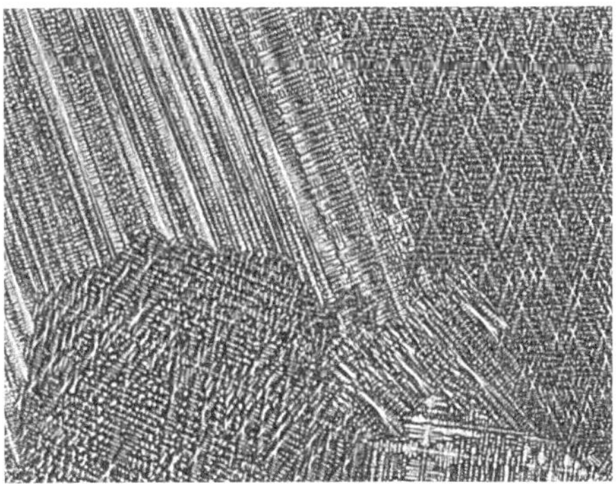

图 2-36 白铜铸态 50×

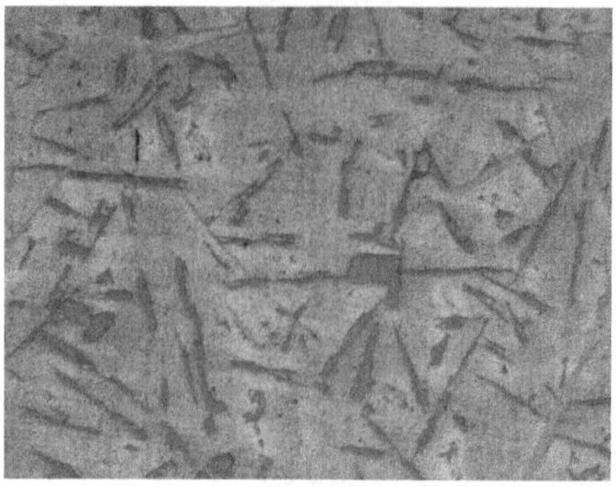

图 2-37　铝合金未变质　500×

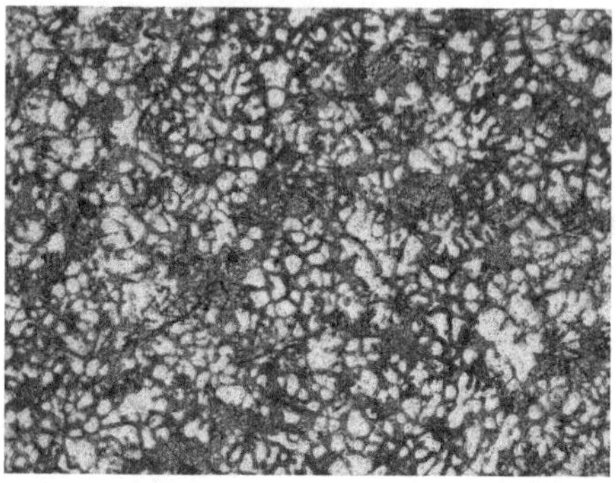

图 2-38　铝合金变质处理　200×

五、实验要求

1. 能画出各组织的示意图特征；
2. 能说明产生和形成此组织的条件和影响因素。

六、思考题

1. 影响金相显微镜的分辨率的因素有哪些？
2. 为什么共析钢平衡组织中的层片状珠光体各晶团颜色深浅不同？
3. 为什么过共晶白口铸铁中的一次渗碳体非常粗大？

实验3 材料显微硬度测试

一、实验目的

了解显微硬度的测试原理，掌握显微硬度的测试方法。

二、实验仪器和材料

MH-5型显微硬度计，金相试样数只。

三、显微硬度的特点

显微维氏硬度测试方法较其他硬度测试方法有几个重要特点：

1. 在同一测试条件下，硬度测试范围更广；
2. 由于测试压痕小，故可以对特定的细微组织结构进行硬度测试，而且在很小的测试范围内可进行多点测量；
3. 由于加载力小，可对薄样品和有一定厚度的涂层进行测试；
4. 几十微米的压痕在一定概念上可以理解为无损检测。

由于显微维氏硬度测试方法的上述特点，它被广泛应用于金属材料和金属部件及陶瓷的硬度测试上；尤其是金属部件热处理后硬化层深度的准确测试，显微硬度测试方法是唯一不可替代的硬度测试方法。因而在航空、汽车、船舶、冶金、有色金属、轻工机械等行业的硬度测试中显微硬度法得到了极广泛的应用。

四、维氏硬度的原理

金属材料用维氏金刚石压头在某一 F 力作用下，产生一个倒正四棱压痕 S，维氏硬度 HV 定义为：$HV=F/S$

其中 F 为压头在金属材料上的作用力，S 为压痕表面积。

经计算：$HV=F/S=2\sin\alpha/2\times F/d^2$

其中：α 为正四棱锥金刚石压头的夹角(136°)，d 为正四边形的对角线长度($d=(d_1+d_2)/2$，d_1、d_2 分别为两对角线长度)。

当 F 为牛顿(N)，d 为毫米(mm)时，

$$HV=F/S=0.1891F/d^2$$

五、实验要求

1. 掌握显微维氏硬度的测试原理；
2. 能熟练操作MH-5型显微硬度计。

实验4　无机材料偏光显微镜显微结构特征初识

一、目的要求

偏光显微镜是对透明和半透明矿物岩石进行鉴定及显微结构研究的重要仪器，在使用前必须了解它的基本构造和使用、调节方法。

通过本实验要求同学们熟悉偏光显微镜的基本构造、各部分的性能，用途及使用方法；初步了解偏光显微镜的应用；了解偏光显微镜的构造及其与普通光学显微镜的区别。掌握偏光显微镜的使用、调节和校正方法；熟悉几种典型的偏光显微观察方法。

二、偏光显微的应用

a：已知矿物的光学特性的鉴定：双折射性、多色性、折射率等等；

b：未知矿物的鉴别：利用观察所得的光学特性综合判定矿物的晶型晶系等特性以鉴别矿物种类；

c：利用晶体晶型转变造成的晶体偏光特性变化表征特定反应或确定一些物理量。如：偏光显微观察玻璃析晶以及玻璃结石；热台偏光法测定高分子聚合物的熔点等；

d：矿物折射率的测定：通过将矿物碎屑浸入已知折射率的介质中，比较二者的折射率值，通过不断更换不同折射率介质，最终测定出矿物的折射率值。

三、XPT-7 型偏光显微镜的结构

XPT-7 型偏光显微镜的结构如图 2-39 所示：

四、偏光显微镜的使用

1. 使用前的检查：

（1）确定起偏振镜或检偏振镜振动方向

将检偏振镜自镜中推出，只留一个起偏振镜观察工作台上黑云母切片，转动工作台。当黑云母解理与起偏振镜的振动方向平行时黑云母吸收性最强，此时呈现深棕色；当解理与起偏振镜的振动方向垂直时，黑云母吸收性微弱。此时晶体呈现淡黄色，据此就能确定起偏振镜的振动方向。

（2）起偏振镜与检偏振镜正交

将检偏振镜推入（为观察清楚，应取下目镜、物镜及拨开聚光镜前片），转动起偏振镜，观察到最暗位置，即系正交位置，此时起偏振镜刻线应对准 0 度（180 度）。

（3）目镜分划板十字线与起偏振镜、检偏振镜振动方向平行，检查方法同（1）在单偏光下观察黑云母切片，当黑云母解理与起偏振镜的振动方向平行时，颜色最深，呈深棕色，此目镜分划板十字线之一应与黑云母解理方向平行。

2. 物镜中心调节方法如下：

（1）观察旋转工作台上的切片，在切片中找一小黑点，使位于目镜十字线中心。

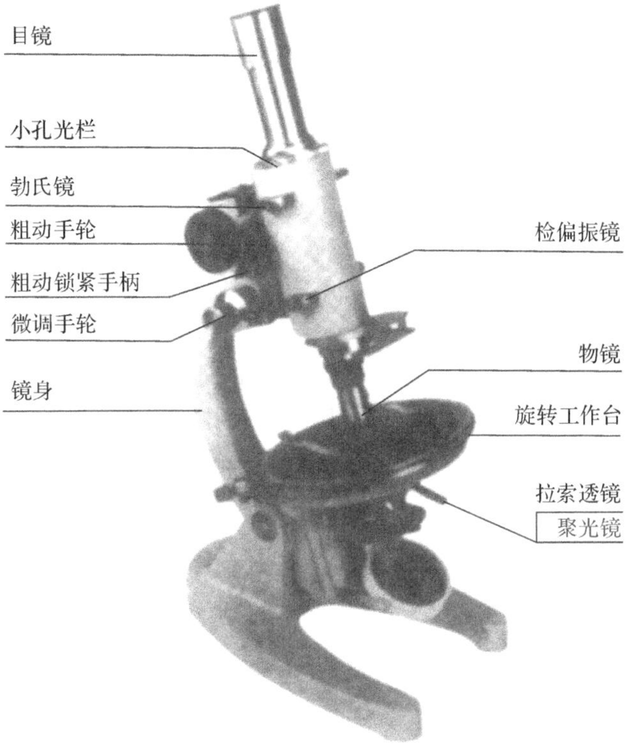

图 2-39 偏光显微镜的结构

(2) 转动工作台,若物镜光轴与工作台中心不一致,黑点即离开十字线中心绕一个圆转动。圆的中心 S 即为工作台的中心。

(3) 将小黑点转至 Oi(此时小黑点距十字线中心最远)借物镜座上两个调节螺丝调节 S 与 O 重合,使得小黑点自 Oi 移回 Ooi 距离一半。

(4) 如此循环进行上述三步骤可使物镜光轴与旋转工作台中心重合。

3. 用低倍物镜时,应将拉索透镜移出光路,同时用平面反射镜引入光线。用高倍物镜及观察锥光图时,必须将拉索透镜引入光路,为增加视域亮度,可用凹面反射引入光线。聚光镜之间的可变光栏可调节光量的大小。

4. 勃氏镜在一般情况下是不用的,只当在高倍物镜下看锥光图时才将勃氏镜加进光路,此时勃氏镜连同目镜构成一个放大镜以观察物镜后焦面上的锥光束干涉图。须注意在照明光源上加毛玻璃或在引入光线方向上应无障碍物,以免使灯丝像或窗户框子、树、天空云彩等成像引起干扰。在观察微小矿物时,应在光路中加入小孔光栏。

5. 当用人工照明光源时,须将反射镜拔下,换插上灯室,并在起偏振镜下加蓝色滤光片。调节灯室上的两个螺丝,以使视场均匀。

6. 当使用高倍物镜观察时,一般都先用低倍物镜来寻找目标,这时应先调节低倍物镜光轴与旋转工作台中心重合,并使欲观察的目标移向视场中心,然后更换上高倍物镜。调换时,将镜筒升高使物镜离开切片,这样可避免因物镜碰到切片而使切片走动,同时应注意不使物镜调节螺丝走动。

7. 在使用过程中必须注意:要先旋转微动手轮,使微动处于中部位置,再转动粗动手轮,将镜筒下降使物镜靠近切片(从侧面观察);然后在观察切片的同时再慢慢上升镜筒至看清物体的像为止,这样可避免物镜与切片碰撞而压坏切片和损坏镜头。

8. 仪器使用完毕,须转动粗动手轮将物镜提起,关闭电源。

五、几种典型的偏光显微观察手段

1. 单偏光下光学性质观察

即在观察、测定矿片的光学性质时只使用下偏光镜。自然光波通过下偏光镜之后,变成振动方向平行下偏光镜振动方向的偏光。

单偏光镜下观察、测定的主要光学特征有:矿物的外表特征,如形态、解理等。与矿物对光波吸收有关的光学性质,如颜色、多色性;与矿物折射率大小有关的光学性质,如突起、糙面、边缘、贝克线及色散效应等。

2. 正交偏光镜间光学性质观察

即在用下偏光镜之外,再推入上偏光镜,而且使上、下偏光镜的振动方向互相垂直。在正交偏光间不放任何光片时,视域完全黑暗。因为自然光波通过下偏光镜之后,即变成振动方向平行于下偏光镜的偏振光,至上偏光镜时,因与上偏光镜允许透过的振动方向垂直,不能透出上偏光镜,故视域黑暗。而放置光片后,由于矿物性质及切片方向的不同,而显示不同的光学现象。

正交偏光镜下观察、测定的主要光学性质有:非均质体矿片上光率体椭圆半径方向和名称的测定;干涉色级序的观察与测定;双折率的测定;消光类型与消光角的测定;晶体延性符号的测定;双晶的观察等。

3. 锥光镜下光学性质观察

在正交偏光的基础上,于下偏光镜之上,载物台之下,加上一个聚光镜,换用高倍物镜,推入勃氏镜或去掉目镜,即成为锥光镜装置。

加入锥光镜的作用是使出下偏光镜的平行偏光束变成锥形偏光束。锥形偏光束与平行偏光束的重要区别,在于平行偏光束基本是同一方向垂直射入矿片;而锥形偏光束是以不同方向射入矿片。在锥形偏光束中,除中央一条光波垂直射入矿片之外,其余各光波都是倾斜射入矿片,而愈外倾斜角度愈大,在矿片中所经历的距离愈外愈长。锥形偏光束中的偏光,不管如何倾斜,其振动面仍与下偏光镜振动面平行,即在薄片平面上的投影方向总是与下偏光镜方向平行。

锥光镜下主要观察干涉图与色散现象。由于涉及到一轴晶矿物、二轴晶矿物,以及切片方向与光轴垂直、平行或正交,其干涉图呈现多种形式。

六、思考题:

1. 偏光显微镜与普通显微镜相比有哪些区别?偏光显微观察方法主要有哪几种?

2. 什么是矿物的轮廓线?什么是矿物的贝克线?在提升镜筒时,两者有什么变化?为什么?

3. 正交偏光下观察非均质矿物不垂直光轴切片,在转动载物台时会出现什么现象?为什么?

实验5 玻璃材料中结石的形态特征

一、目的要求

玻璃结石是玻璃生产上常见的一种缺陷，用偏光显微镜对玻璃结石进行观察和鉴定，是确定结石来源的一种简单而有效的分析方法。

通过本实验，要求学生认识和区别玻璃中常见的各种结石特点，熟悉这些结石中存在的各种晶体的形态特征，并了解这些结石的来源。

二、实验方法

玻璃结石通常根据产生原因分为粉料结石、析晶结石和耐火材料结石三类，各类结石都有一定的特点，可以根据结石中出现晶体的特点及它们互相之间的关系而加以区别，进而判断它们的来源。结合生产工艺条件分析它们产生的原因。

1. 粉料结石

在玻璃粉料中含有某些难熔的结晶物质，玻璃熔化时未被熔化而残留在玻璃中，所形成的结石称为粉料结石。在一般日用玻璃制品中常见的粉料结石主要有：石英粉料结石，芒硝粉料结石和锆英石粉料结石等。

① 石英粉料结石：在玻璃中石英粉料结石可以是未熔化完的残余石英，也可以是由于石英被熔化未均化。SiO_2 密集而从玻璃中析出密集的鳞石英和方石英，或者上面两种情况兼有之。

残余石英是未完全被熔化的石英颗粒（图2-40），石英被熔化成辉圆状，并裂成龟裂状，在石英颗粒的边缘和裂缝中均已有方石英化。呈负突起，在正交偏光镜间，颗粒中心部分为一级黄白色，而边缘的裂缝中方石英部分干涉色极低。

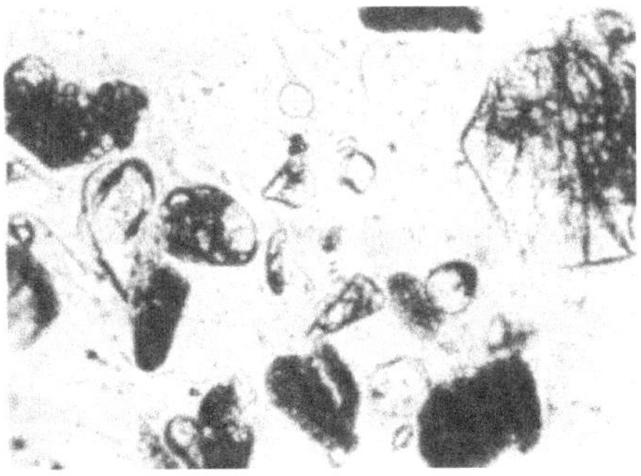

图2-40 残余石英粉料的结石

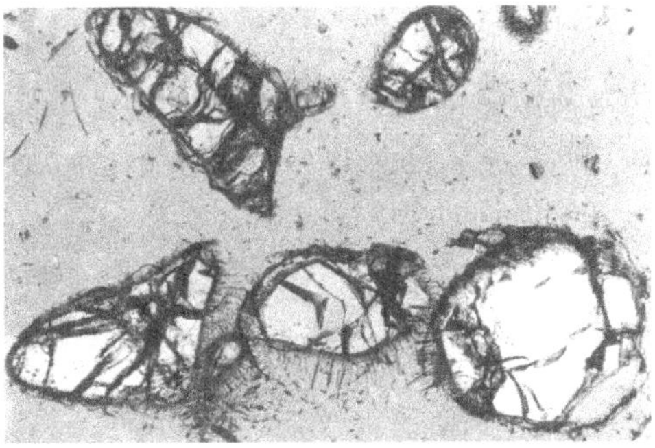

图2-41 残余石英周围鳞石英和方石英晶体的析出

在残余石英颗粒周围，由于石英的逐步熔化而使周围玻璃中 SiO_2 比较密集，在冷却过程中常析出羽毛状鳞石英和骨架状方石英，它们围绕石英颗粒周围放射状分布（图2-41），若在炉内停留时间较长，石英颗粒可以全部熔化，这样在结石中就看不到残余石英颗粒，只有密集的鳞石英和方石英晶体存在。

② 芒硝粉料结石，又称芒硝泡，芒硝泡是由未完全分解的硫酸钠被带入成型部而形成的，芒硝泡一般呈云雾状或水花状。其外形呈鱼雷状（图 2-42），在正交偏光间有与目镜十字丝平行的黑十字形的消光影。

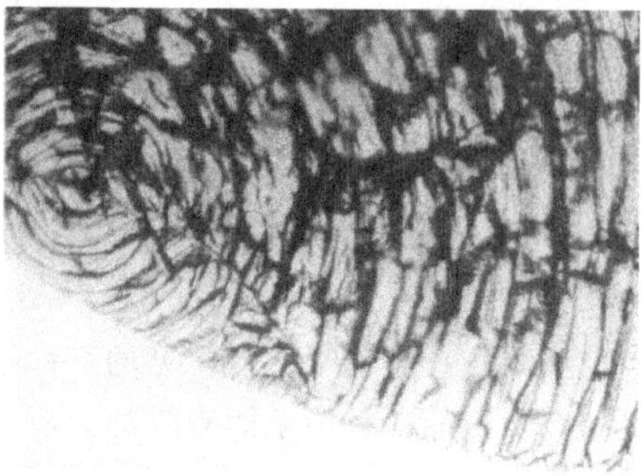

图 2-42　芒硝粉料结石

③ 锆英石粉料是由于在石英砂中带入锆英石，或在配合料中加入锆英石作为原料。由于锆英石的熔点很高，难以熔化，常以细小颗粒残留在玻璃中，而形成锆英石粉料结石，锆英石的折射率很高，极高突起，双折射率很大，干涉色鲜艳。

2. 析晶结石

玻璃在一定温度下都具有析出晶体的能力，析晶结石的产生主要与玻璃的化学组成或温度制度有关，在玻璃制品中，常见的析晶结石主要有：

① 鳞石英（SiO_2）：均匀地散布在玻璃中，鳞石英呈羽毛状或雪花状（图 2-43），负突起。

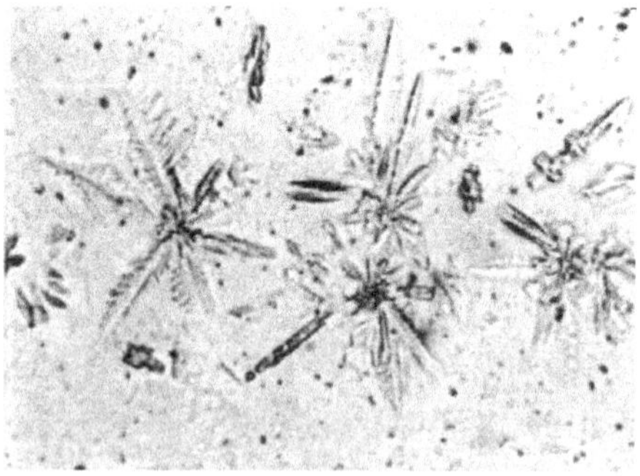

图 2-43　雪花状、羽毛状的鳞石英

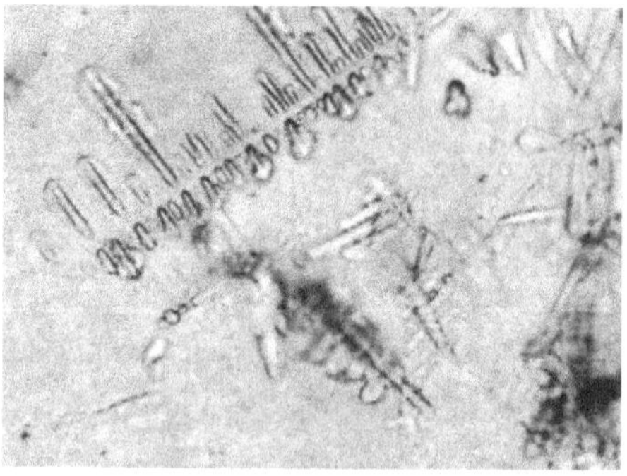

图 2-44　骨架状方石英析晶

② 方石英（SiO_2）：均匀地散布在玻璃中，方石英呈骨架状（图 2-44），明显负突起。

③ 硅灰石（$CaO \cdot SiO_2$）：常见的是低温型变体 β-硅灰石，有时也会出现高温型变体 α-硅灰石（也称假硅灰石）。硅灰石为长柱状析晶（图 2-45），有时也呈放射状或羽毛状集合体，正中突起，平行消光或斜消光，正延性或负延性，干涉色不高。而假硅灰石则常呈六方片状，有时也呈长针状，平行消光，负延性，干涉色较高。根据延性符号可以将硅灰石的 α 型和 β 型区别开来。

④ 失透石（$NaO \cdot 3CaO \cdot 6SiO_2$），长针状，常呈扫把状集合体（图 2-46），正中突起，平行消光，正延性，干涉色较低。

⑤ 透辉石（$CaO \cdot MgO \cdot 2SiO_2$），柱状，结石中常成放射状结合体（图 2-47），正高突起，斜消光，消光角较大，一般为正延性，干涉色较高，有时可以看到两组完全解理。

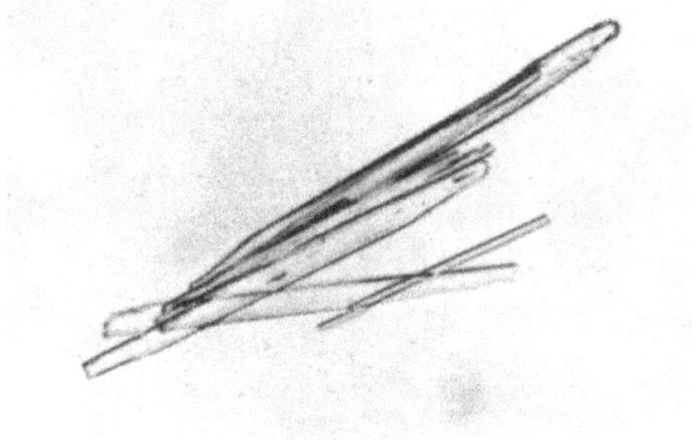

图 2-45 β-硅灰石析晶

图 2-46 扫把状失透石析晶

在其他特定成分的玻璃制品(如光学玻璃等)中,还可以有硅铅石、硅酸钡、尖晶石、二硅酸钠,石榴子石、硅酸铅钾等晶体,从玻璃中析出形成析晶结石。

3. 耐火材料结石

由于耐火材料质量不高或生产操作不当,耐火材料带入玻璃中形成结石。这种由于耐火材料而形成的结石称为耐火材料结石。常见的耐火材料结石有下面几种:

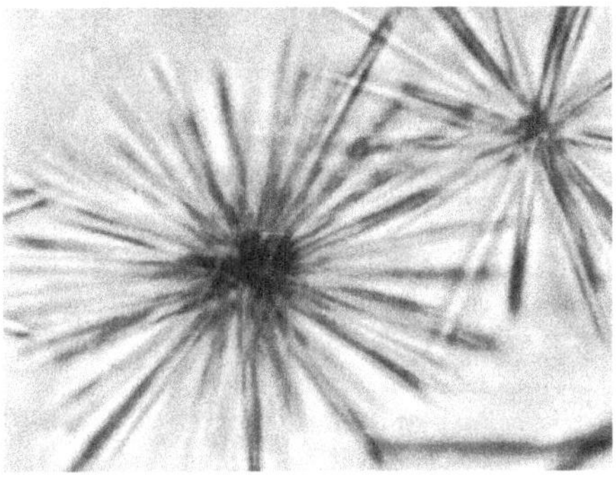

图 2-47 透辉石放射状集合体

① 硅砖结石:用于玻璃窑胸墙顶的硅砖,在熔制玻璃过程中受到侵蚀剥落,甚至成滴落入玻璃中而造成结石。硅砖结石常见的晶相有:

鳞石英——具有矛头状双晶或成长管柱状,结石边缘可见到羽毛状或骨架状的鳞石英或方石英析出。

方石英——在硅砖结石中呈蜂窝状,边缘有骨架状方石英晶体,由于玻璃成型过程中,蜂窝状方石英常被拉成线条状,方石英为十字骨架状,集中分布在一条直线上。

② 硅铝砖结石

用于玻璃熔窑上的黏土砖,高铝砖,莫来石砖等硅铝质耐火材料,在受到高温和玻璃液中碱性成分作用下,逐步生成莫来石,β-铝氧、霞石、钠长石、白榴石等晶体,在结石中常残存着黏土熟料或分散的黏土质颗粒,上述的矿物晶体只有在耐火材料结石中才能出现,根据这些熟料颗粒或者特征矿物,就可以判断结石的来源,硅铝砖结石中各相的特点是:

黏土熟料:单偏光下不透明,黑色,正交偏光镜下呈黄白色,不消光;

莫来石($3Al_2O_3 \cdot 2SiO_2$):多分布在黏土熟粒颗粒的周围,针状或长柱状,正中突起,平行消光,正延性。

β-铝氧(含 Na_2O 或 K_2O 的 Al_2O_3 变体):六方片状,正中突起,干涉色较低,常与莫来石、霞石等伴生在一起。

霞石($Na_2O \cdot Al_2O_3 \cdot 2SiO_2$):粒状或短柱状,常呈羽毛状集合体,成阶梯状生长(图 2-48),正低突起,负延性,干涉色为一级灰白。

白榴石($K_2O \cdot Al_2O_3 \cdot 4SiO_2$):粒状呈五角三八面体,有聚片状双晶,负低突起,均质体。

钠长石($K_2O \cdot Al_2O_3 \cdot 6SiO_2$):柱状,正低突起,斜消光,干涉色一级灰白,具有聚片双晶。

③ 锆刚玉砖结石

在玻璃熔窑中与玻璃接触的池壁砖,锆刚玉砖中的刚玉受玻璃液中碱性成分的侵蚀,生成β-铝氧、霞石等矿物。砖体中斜锆石晶体熔入玻璃中,冷却时常生成二次斜锆石(又称次生斜锆石)。锆刚玉砖结石中主要晶体的特点如下:

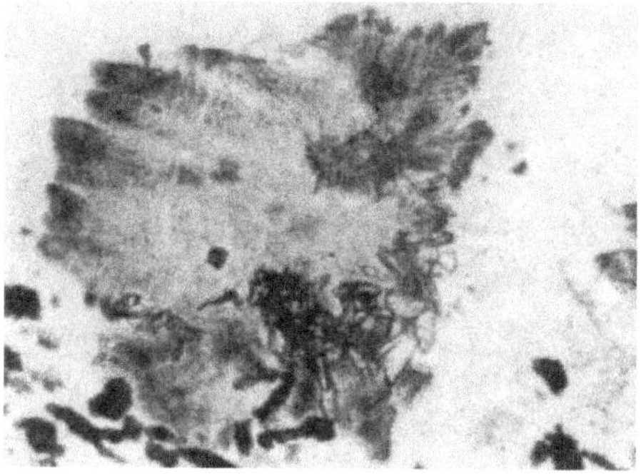

图 2-48　霞石板状晶体

斜锆石(ZrO_2):米粒状或串球状,正极高突起,干涉色较高。(图 2-49)。

β-铝氧:柱状,正高突起,干涉色高。

霞石:羽毛状或片状,正低突起,干涉色一级灰白。

二次斜锆石:六方呈骨架状,树枝状,与方石英析晶相似(图 2-50),干涉色较高。

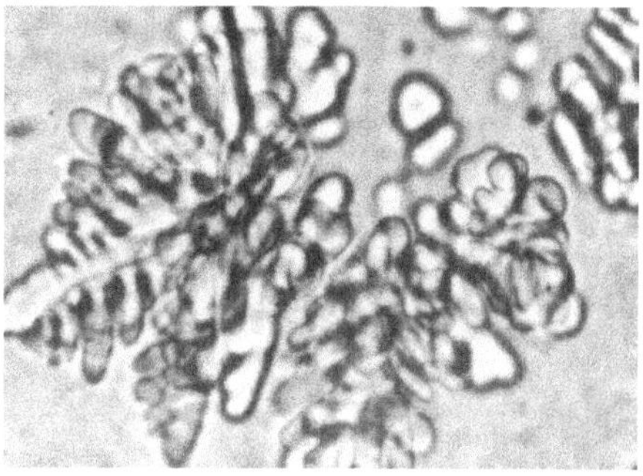

图 2-49　锆刚玉砖结石中的斜锆石

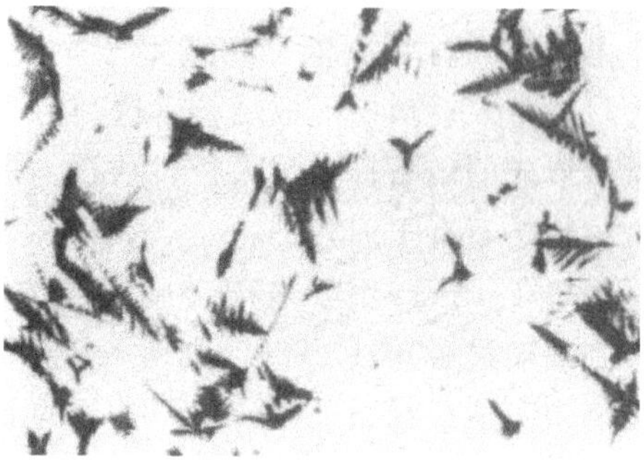

图 2-50　锆刚玉砖结石中的二次斜锆石

三、实验内容

1. 观察石英粉料结石的两种不同类型的薄片;残余石英结石;有鳞石英或方石英析晶的粉料结石;观察芒硝粉料结石;

2. 观察下列析晶结石:鳞石英,方石英,硅灰石,失透石和透辉石;

3. 观察硅砖结石、高铝砖结石、莫来石砖结石和锆刚玉砖结石。

将各类结石在偏光显微镜下的观察和测定结果作详细记录,并分析这些结石的来源和形成原因。

四、思考题

1. 粉料结石的形成原因是什么?哪些生产工艺操作不当会形成粉料结石?

2. 为什么在玻璃制品生产中会有析晶结石出现?析晶结石的不同种类主要是什么因素控制的?

3. 钠钙硅玻璃中常见的析晶的哪几种？为什么只有这几种？它们出现的温度有何不同？

4. 耐火材料结石特征性矿物有哪些？为什么根据这些矿物就可以确定结石的来源？黏土砖结石中可能出现那些晶相？为什么？

5. 石英粉料结石和硅砖结石有何异同？如何区分它们？

6. 粉料结石、耐火材料结石和析晶结石中都有鳞石英和方石英晶体。这两种矿物在三类不同来源的结石中有什么异同？如何将它们区分开？

7. 方石英和斜锆石，β-硅灰石和假硅灰石、霞石和 β-铝氧等晶体外形都很相似，如何区分它们？

第三章 材料的光学性能

一、实验目的

通过本实验了解紫外/可见分光光度计、傅里叶变换红外光谱仪(FTIR)和荧光光谱仪的基本原理、主要用途和实际操作过程。掌握玻璃透光率、薄膜吸收光谱、固体粉末红外光谱和固体发光材料荧光光谱的测试方法。学习分析影响测试结果的主要因素。

二、实验原理

电磁波可与多种物质相互作用。如果这种作用导致能量(一部分或全部)从电磁波转移至物质,就称之为吸收。当光波与某一受体(原子、离子或分子)作用时,光子和接受体之间就存在碰撞,光子的能量可被传递给接受体而被吸收,由此产生吸收光谱。如果接受体是原子,就产生原子吸收光谱。如果接受体是分子,就产生分子吸收光谱。分子具有一系列电子能级、振动能级和转动能级,这些能级都是量子化的,只有当光子能量恰好等于两个能级的能量差时,分子才能由某一较低能级 E_1 跃迁至另一较高能级 E_2,从而产生分子的吸收光谱。分子包含有电子、振动和转动三种能级。通常,紫外和可见光的能量接近于某两个电子能级的能量差,故紫外与可见吸收光谱起源于价电子在电子能级之间的跃迁,又称为电子光谱。

当一束平行单色光照射到非散射的均匀介质时(固体、气体、液体或溶液),光的一部分将被介质所反射,一部分被介质吸收,一部分将透过介质。如果入射光强度为 I_0,反射光强度为 I_r,吸收光强度为 I_a,透过光强度为 I_t,则有:

$$I_0 = I_r + I_a + I_t$$

透射光强度与入射光强度的比值称为透光度或透光率,通常用 T 及其百分率表示:

$$T = I_t / I_0\text{;或:}T(\%) = I_t / I_0 \cdot 100\%$$

如果入射光强度保持一定值,则透光度越大,说明光线通过介质后光强度减弱的程度越小。

当平行单色光束通过均质单相材料薄层时,由于光吸收,其强度减少量 dI 与薄层厚度 dx 及光束强度 I 成正比:$-dI = \beta I dx$;β 为比例系数,也叫吸收系数。若光线射入的初始强度为 I_0,经过试样的厚度及介质中光程长度 t 后,射出光强度为 I_t,则可从 $dI/I = -\beta dx$ 求出透光率:$T = I_t / I_0 = \exp(-\beta t)$;如果考虑界面的反射损失,则对垂直入射光的透光率为:

$$I_t / I_0 = (1 - R^2)\exp(-\beta t)\text{。}$$

当一束具有连续波长的红外光照射某化合物时,其分子要吸收一部分光能转变为分子(或化学键)的振动能量或转动能量。此时若将其透过的光用单色器进行色散,就可得到一带暗条的谱带。以红外光的波长或波数为横坐标,以吸收率或透过率百分数为纵坐标,把该谱带记录下来，就可得到该化合物的红外吸收光谱图。不同的化合物（或化学键）均有标准特征谱，将实验所得的光谱与标准谱对照，就可进行分子结构的基础研究和化学组成的分析。可由吸收峰的位置和形状来推知被测物的结构，按照特征峰的强度来测定混合物中各组分的含量。因此，红外吸收光谱分析已是材料研究中的重要分析测试技术。

当分子吸收来自光辐射的能量后，其本身就由处于稳定的基态跃迁至不稳定的激发态：$M+h\nu \rightarrow M^*$。激发态是不稳定的，寿命极短，激发态分子会迅速以向周围散热或再发射电磁波（荧光或磷光）的方式回到基态：$M^* \rightarrow M+$热；或：$M^* \rightarrow M+$荧光（或磷光）。任何能产生荧光（磷光）的物质都具有两个特征光谱：激发光谱和发射光谱。

激发光谱：荧光（磷光）为光致发光，因此必须选择合适的激发光波长，这可通过激发光谱曲线来确定。选择荧光（磷光）的最大发射波长为测量波长（监控波长），改变激发光的波长，测量荧光强度变化。以激发光波长为横坐标、荧光强度为纵坐标作图，即可获得激发光谱。激发光谱形状与吸收光谱形状极为相似，经校正后的激发光谱与吸收光谱不仅形状相同，而且波长位置一致。这是因为物质吸收能量的过程就是激发过程。

发射光谱：将激发波长固定在最大激发波长处，然后扫描发射波长，测定不同波长处的荧光（磷光）强度，即可得到荧光（磷光）发射光谱。

三、仪器简介

1. 紫外/可见分光光度计

PE 公司的 Lambda 20 双光束紫外/可见分光光度计，测量光谱范围 190～1100nm；杂散光 0.01%T；波长精度 0.1nm；最高扫描速度 2880nm/min。该仪器的整个操作过程可完全由计算机控制，随机提供的 UV-Winlab 窗口式操作软件，使样品测试、结果处理、图形变换和实验报告编写及实验结果打印都可在计算机中方便地进行。

2. 傅里叶变换红外光谱仪(FTIR)

早期简单的红外光谱仪多为色散型双光束分光光度计，它们的构造系统基本上与紫外/可见分光光度计一样。但这类红外光谱仪有两个明显的缺陷，一是这种色散型分光光度计是借助依次测定从出射狭缝分出来的“单色光”而获得样品光谱的，在通常的红外分光光度计中，要得到一张可用的谱图至少要 2 分钟左右时间。它的另一缺陷是必须使用狭缝，故进入单色器的光能不能太低，否则检测困难，这使得镜反射光谱、常温样品的红外发射光谱和光源能量小的远红外光谱等受到限制。因此，随着计算机数据处理技术的发展，目前大量使用的红外光谱仪都为傅里叶变换红外光谱仪（FTIR）。傅里叶变换光谱仪由迈克耳逊干涉仪和数据处理系统组合而成，它的工作原理就是迈克耳逊干涉仪的工作原理。但由干涉仪得到的只是光谱的傅里叶变换—干涉图，要获得我们所熟悉的光谱，就需通过数据处理系统进行傅里叶变换。

Nicolet 公司的 Avatar 360 傅里叶变换红外光谱仪，测量光谱范围 4000～400 cm^{-1}；分辨率 0.9 cm^{-1}；信噪比 15000∶1。该仪器的整个操作过程完全由计算机控制，随机提供的窗口式操作软件，使样品测试、结果处理、图形变换、结果打印等都可在计算机中方便地进行。

3. 荧光光谱仪

日立（HITACHI）公司的 F-4500 荧光光谱仪，测量光谱范围 200～730nm，最高灵敏度

S/N≥100：1，最快扫描速度30000nm/min。该仪器的整个操作过程完全由计算机控制，随机提供的窗口式操作软件，使样品测试、结果处理、图形变换、结果打印等都可在计算机中方便地进行。

四、实验过程

（一）玻璃透光率测试

1. 检查Lambda 20双光束紫外/可见分光光度计电源开关置"关"位置，光度计样品室中光路上无任何阻挡物。

2. 打开电源，启动计算机，在计算机的windows桌面上双击"Lambda 20"图标联机，进入"UV Winlab"操作程序。

3. 打开光度计电源，光度机首先自动进行自检。一定时间后，光度计的小型显示屏上会出现"Remote Standard"，表明光度计一切正常，此时可从计算机上的"UV Winlab"操作程序中发出指令控制光度计进行测试。

4. 在"UV Winlab"操作程序的"Files"中双击"Scan1. MSC"，进入下一个界面"Scan"，在该界面上，设置下列参数：

Start Wavelength：1000nm；　　Ordinate max：100.00；

End Wavelength：200nm；　　Ordinate min：0.00；

Data Interval：1.0nm。

5. 单击界面下方的"inst."进入"inst." 界面，在该界面上，设置下列参数：

Ordinate mode：%T；　Scan Speed：240nm；　Smooth：2nm；

Lamp UV：on；　Lamp Vis：on。

6. 检查确认光度计样品室中光路上无任何阻挡物，盖上样品室，单击计算机荧屏右上角的"Autozero"，光度计进行自动校零。

7. 校零结束后，打开样品室，放入待测试样品，单击右上角的"Start"，开始样品测试。测试结束后，保存测试结果。

8. 测试结果处理

（1）在"UV Winlab"操作程序中打开实验过程中测试保存的文件，调入已测试的玻璃透光率曲线。

（2）单击"setup"图标右边第二个图标，进入"Format graph"界面，设置下列参数：

Asscissa Range：　Left 200.00　　Ordinate Range：Top 100.00

Right 1000.00　　Bottom 0,00

（3）单击"setup"图标右边第一个图标，进入"Report Builder"界面，在该界面上进行测试报告的版面设计。在"Layout"下单击"Actual Size"，图形放大到实际尺寸，在曲线下方，根据测试样品及测试条件，对测试结果作适当的说明。为在适当位置输入一定的文字，在"Text"中单击"Add Text"进入"Add Text"后，就可方便输入文字，单击"Add Text"中的"OK"之后，可用鼠标将输入的文字方便地移到所需要的任何地方。

（4）测试报告的版面设计完成后，在"File"中单击"Print"，打印输出实验结果。

（5）根据实验结果，写出实验报告，报告内容包括实验名称、实验内容、实验结果以及对实验结果的简单分析。

（二）光功能薄膜的紫外/可见吸收光谱测试

1. 检查 Lambda 20 双光束紫外/可见分光光度计电源开关置“关”位置，光度计样品室中光路上无任何阻挡物。

2. 打开电源，启动计算机，在计算机的 windows 桌面上双击“Lambda 20”图标联机，进入“UV Winlab”操作程序。

3. 打开光度计电源，光度机首先自动进行自检。一定时间后，光度计的小型显示屏上会出现“Remote Standard”，表明光度计一切正常，此时可从计算机上的“UV Winlab”操作程序中发出指令控制光度计进行测试。

4. 在“UV Winlab”操作程序的“Files”中双击“Scan1. MSC”，进入下一个界面“Scan”，在该界面上，设置下列参数：

Start Wavelength：800nm；　　Ordinate max：2.00；

End Wavelength：350nm；　　Ordinate min：0.00；

Data Interval：1.0nm。

5. 单击界面下方的“inst.”进入“inst.” 界面，在该界面上，设置下列参数：

Ordinate mode：A；　Scan Speed：240nm；　Smooth：2nm；

Lamp UV：off；　Lamp Vis：on。

6. 在参比试样架和样品试样架上分别放入没有镀上光功能薄膜的两块空白玻璃基板，盖上样品室，单击计算机荧屏右上角的“Autozero”，光度计进行自动校零。

7. 校零结束后，打开样品室，在样品试样架上放入镀有光功能薄膜的玻璃样品，盖上样品室，单击右上角的“Start”，开始样品测试。测试结束后，保存测试结果。

8. 测试结果处理：

（1）在“UV Winlab”操作程序中打开实验过程中测试保存的文件，调入已测试的光功能薄膜的吸收曲线。

（2）单击“setup”图标右边第二个图标，进入“Format graph”界面，设置下列参数：

Asscissa Range：　Left 350.00　　Ordinate Range：Top 2.00 或 3.00

Right 800.00　　Bottom 0.00

（3）单击“setup”图标右边第一个图标，进入“Report Builder”界面，在该界面上进行测试报告的版面设计。在“Layout”下单击“Actual Size”，图形放大到实际尺寸，在曲线下方，根据测试样品及测试条件，对测试结果作适当的说明。为在适当位置输入一定的文字，在“Text”中单击“Add Text”进入“Add Text”后，就可方便输入文字，单击“Add Text”中的“OK”之后，可用鼠标将输入的文字方便地移到所需要的任何地方。

（4）测试报告的版面设计完成后，在“File”中单击“Print”，打印输出实验结果。

（5）根据实验结果，写出实验报告，报告内容包括实验名称、实验内容、实验结果以及对实验结果的简单分析。

（三）固体试样的红外吸收光谱测试

1. 样品制备

本实验进行固体试样的红外光谱分析采用压片法制备样品。压片法是指把固体样品分散在碱金属卤化物中并压成透明薄片来减少粒子的散射影响，同时还排除了溶剂等的吸收干扰，能一次完整地获得样品的吸收光谱，且薄片的厚度和样品浓度可用天平精确称取，便于定量分析。

(1) 样品:KBr=1∶20 的混合物放于洁净的玛瑙研钵中,并在红外干燥灯下均匀研磨,使其颗粒在 2μ 左右。

(2) 将少量研磨好的混合物小心铲入简易压膜装置中并摊匀,旋转螺帽尽量压紧,并在压力下保持 2~3 分钟,然后将两边的螺帽旋出,观察螺母中的薄片,应为半透明状,如果不透明,则薄膜太厚,表明放入的样品太多,需将压好的薄膜捣碎清理掉,重新压片。

2. 红外光谱测试

(1) 检查 Avatar 360 傅里叶变换红外光谱仪电源开关置"关"位置,光谱仪样品室中无任何样品。

(2) 打开计算机开关,计算机自动进入 Windows 桌面。

(3) 打开光谱仪开关,光谱仪左后方的电源指示灯与扫描指示灯亮,此时在计算机的 Windows 桌面上双击"OMNIC E. S. P."图标,计算机进入 OMNIC 窗口,扫描指示灯开始闪亮。

(4) 打开样品室,将压有薄膜样品的螺母放入光谱仪的样品室中,关上样品室。

(5) 在 OMNIC 窗口的"Experimental"处选择 Default-default,该实验程序的基本参数为扫描次数 32 次,分辨率 4 cm^{-1},如果要改变实验参数,可在"Collect"中进入 Experiment setup 进行修改。

(6) 单击 OMNIC 窗口第三行的第二个图标(Collect Sample 图标),仪器开始对样品进行光谱测试,测试结束后,显示屏上将自动显示要求进行背底测试扫描的窗口。

(7) 打开样品室,取出样品,然后关上样品室,在要求进行背底测试扫描的窗口上单击"OK",仪器开始进行背底测试扫描,同时对前面测试的样品进行自动背底扣除,在显示屏上显示已扣除背底的红外吸收光谱图。

(8) 在 OMNIC 窗口的"File"中保存所测试的光谱图。

3. 测试结果处理

(1) 在 OMNIC 窗口的"File"中打开已测试的红外光谱图。

(2) 在 OMNIC 窗口第三行有一组图标,当用鼠标指向某一图标时,会出现该图标的用途说明,如"Print"、"Automatic Baseline Correct"等,利用这些图标,可分别进行透射光谱与吸收光谱的互换,自动基线校正(只能在吸收光谱中进行),自动寻峰,坐标归一化,清除,拷贝,粘贴,打印等。根据测试结果及需要,进行充分的光谱图形处理。

(3) 打印测试结果。

(四)发光材料的荧光光谱测试

1. 检查 F-4500 荧光光谱仪电源开关置"关"位置,光谱仪样品室中无任何样品。

2. 打开光谱仪主机电源(Power)开关,预热 5 分钟,按下氙灯电源(需按下一定时间,使氙灯指示灯亮),再过 5 分钟,打开"Run"开关("Run"指示灯亮)。

3. 打开计算机开关,计算机自动进入 Windows 桌面。双击桌面上的"FLSolutions",进入荧光光谱仪的控制窗口,仪器进入测试状态。

4. 打开样品室,将待测试试样放入光谱仪的样品室中,关上样品室。

5. 为测定样品的激发光谱,在荧光光谱仪控制窗口的"Method"中,分别设置以下参数:

General:Measure: Wavelength Scan

Instrument: Scan mode: Excitation　　Ex Slit: 5nm

Data mode: Luminescence　　EM Slit: 5nm

EM WL: 546nm　　PMT Voltage: 400V

EX Start WL: 200nm　　Response: 0.5 s

EX End WL: 400nm

Scan speed: 240nm/min

Delay:　　0s

6. 设置完成后，按测试控制画面中右边的"Measure"键，仪器开始为测定样品的激发光谱，在荧光光谱仪控制窗口的"Method"中，分别设置以下参数：

General: Measure: Wavelength Scan

Instrument: Scan mode: Excitation　　Ex Slit: 5nm

Data mode: Luminescence　　EM Slit: 5nm

EM WL: 546nm　　PMT Voltage: 400V

EX Start WL: 200nm　　Response: 0.5s

EX End WL: 400nm

Scan speed: 240nm/min

Delay:　　0s

7. 设置完成后，按测试控制画面中右边的"Measure"键，仪器开始测试激发光谱。测试激发光谱。

8. 为测定样品的发射光谱，在荧光光谱仪控制窗口的"Method"中，分别设置以下参数：

General: Measure: Wavelength Scan

Instrument: Scan mode: Emission　　Ex Slit: 5nm

Data mode: Luminescence　　EM Slit: 5nm

EX WL: 310nm　　PMT Voltage: 400V

EM Start WL: 450nm　　Response: 0.5 s

EM End WL: 650nm

Scan speed: 240nm/min

Delay:　　0 s

9. 设置完成后，按测试控制窗口中右边的"Measure"键，仪器开始自动测试发射光谱。

五、实验注意事项

1. 严格按实验指导书中的操作步骤进行。

2. 尽量不要在实验过程中产生大的振动。

3. 用于控制仪器的计算机，除进行实验测试及实验结果处理外，不得用于其他用途。严禁外带软盘进入控制仪器用计算机。

六、问答题

1. 简述傅立叶变换红外光谱仪的测试原理？
2. 紫外—可见分光光度计定量分析法的依据是什么？
3. 红外光谱分析重固体试样的常用制样方法有哪些？
4. 双光束分光光度计与单光束分光光度计相比有哪些优点？

第四章　材料的电学性能

（Seebeck 系数和电阻率）测定

一、实验目的

1. 通过实验了解材料的 Seebeck 系数和电阻率的测定方法
2. 测量在特定温度范围内材料电学性能随温度的变化关系
3. 结合实验结果分析材料电功率因子与温度的关系

二、实验原理

1. 赛贝克系数

赛贝克(Seebeck)效应和 Peltier 效应是两种基本的热电效应。Seebeck 效应是热能转化为电能的效应，也是材料的一个基本物理特性。在两种不同材料(导体或半导体)构成的回路中，如果两个接头处的温度不同，则会产生电动势 V_S，称为热电动势或温差电动势。V_S 的大小与结点间的温差成正比，比例系数 α 称为 Seebeck 系数(也称温差电动势率或热电动势率)。

如图 4-1a 所示回路中，如果使两个接头 1 和 2 维持在不同的温度 T_1 和 T_2，($T_1>T_2$)，则在导体 b 的开路位置 y 和 z 之间，将会有一个电位差，称为热电动势，其数值为：$V_S=V_{yz}=\alpha_{ab}(T_1-T_2)$。只要两接头间的温差 $\Delta T=T_1-T_2$ 不是很大，这个关系就是线性的，此时 α_{ab} 为常数，该常数定义为两种导体的相对 Seebeck 系数，即：

$$\alpha_{ab}=\lim_{\Delta T\to 0}\frac{V_{yz}}{\Delta T}=\frac{\mathrm{d}V_{yz}}{\mathrm{d}T}$$

Seebeck 系数常用的单位是 $\mu V\cdot K^{-1}$，可正可负，取决于温度梯度的方向和构成回路的两种导体的特性。通常规定：若电流在冷接头处由导体 a 流入导体 b，Seebeck 系数就为正，反之为负。Seebeck 效应的物理本质是温度梯度作用下导体内载流子重新分布的结果。

与 Seebeck 效应相反的现象是 Peltier 效应，即若在图 4-1(a)中的 y、z 两端施加一个电动势，在 a、b 两种导体构成的回路中将会有电流 I 流过，如图 4-1(b)所示，将出现两导体的一个接头处出现吸热，而在另一个接头处出现放热的现象。接头处吸(放)热速度与回路中电流 I 成正比，即在时间 dt 内，产生的热量与流经的电流成正比：

$$\frac{\mathrm{d}Q}{\mathrm{d}t}=\pi_{ab}I_{ab}$$

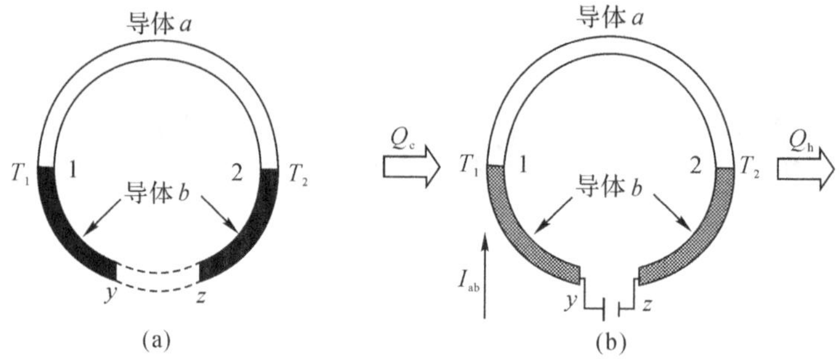

图 4-1　Seebeck 效应(a)和 Peltier 效应(b)

π_{ab} 为比例常数,定义为 Peltier 系数,单位为 V。Peltier 效应起源于载流子在构成回路的两种导体中的势能差异。当载流子从一种导体通过接头处进入另一种导体时,需要在接头附近与晶格发生能量交换,以达到新的平衡,从而产生吸热与放热现象。

Seebeck 系数的测量原理如图 4-2 所示:

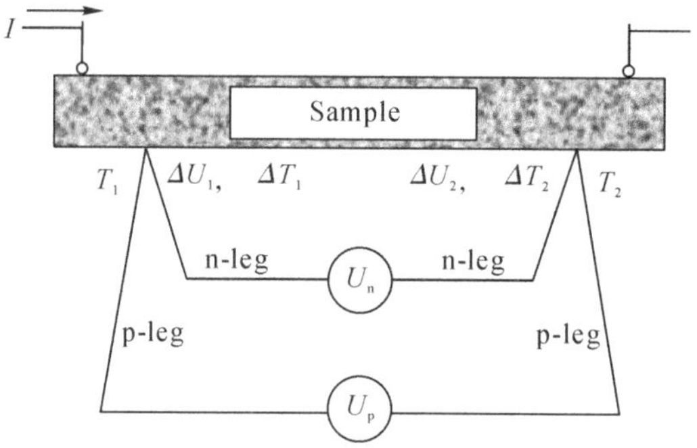

图 4-2　电学性能测量原理图

在测量中,两个热电偶测得的温度分别为 T_1,T_2,由于热电偶与试样两端之间存在不可测量的接触温差 ΔT_1、ΔT_2,因此,试样两端的真实温度($T_1+\Delta T_1$)和($T_2+\Delta T_2$)不可知。而且由于热电偶与试样之间存在接触势差 ΔU_1,ΔU_2,因此试样的热电势 $\alpha((T_2-T_1)-(\Delta T_2-\Delta T_1))$也是不可直接测得。但是两热电偶 P 脚和 N 脚之间电势差 U_p、U_n 可以直接准确测得。

$$U_p=-\alpha(\Delta T-(\Delta T_2-\Delta T_1))+\Delta U_1+\Delta U_2+\alpha_p\Delta T \tag{4-1}$$

$$U_n=-\alpha(\Delta T-(\Delta T_2-\Delta T_1))+\Delta U_1+\Delta U_2+\alpha_n\Delta T \tag{4-2}$$

在式(4-1)、(4-2)中,$\Delta T=(T_2-T_1)$,α_p,α_n 分别的为热电偶 P 脚和 N 脚的 Seebeck 系数。假设:ΔT_1,ΔT_2,ΔU_1,ΔU_2 都相对稳定,在一次 Seebeck 系数的测量过程中不发生改变。当改变温差 ΔT 时,有 $d\Delta T_1/d\Delta T=0$,$d\Delta T_2/d\Delta T=0$,$d\Delta U_1/d\Delta T=0$,$d\Delta U_1/d\Delta T=0$。因此(4-1)、(4-2)可简化为:

$$\frac{dU_p}{d(\Delta T)}=\alpha_p-\alpha \tag{4-3}$$

$$\frac{dU_n}{d(\Delta T)}=\alpha_n-\alpha \tag{4-4}$$

由于 T_2 和 T_1 可以精确测量，因此 ΔT 也可以精确测得，U_p、U_n 也可以精确测得，α_n、α_p 是已知的。因此，求出了 $dU_p/d\Delta T$ 或 $dU_n/d\Delta T$，就可以求出 α。其具体方法是，在环境温度稳定时，变化 ΔT，同时测出 U_p。测若干组，以 ΔT 为横坐标，U_p 为纵坐标，每一组 U_p、ΔT 值可在坐标平面上作一个点，这些点在坐标平面内成一条直线。其斜率 m_p 就是 $dU_p/d\Delta T$ 的值。

$$\frac{dU_p}{d(\Delta T)}=m_p \tag{4-5}$$

从而求出 α 的值为

$$\alpha=\alpha_p-m_p \tag{4-6}$$

如果所作的点确实在同一直线上，说明关于 ΔT_1，ΔT_2，ΔU_1，ΔU_2 都相对稳定的假设是成立的，测得的 α 值是准确的。但如果这些点严重偏离直线，则说明 ΔT_1，ΔT_2，ΔU_1，ΔU_2 的值在测量过程中发生了变化，结果不准确。如果在所有得的点中，有某几个点发生跳跃，其余点还在同一直线上，它的原因可能不是 ΔT_1，ΔT_2，ΔU_1，ΔU_2 发生变化，而是由于测量仪表波动造成的。同理，也可以用 $dU_n/d\Delta T$ 来求 α 的值。

2. 电导率

电导率的测量采用四点法。在图 4-2 中，设两个热电偶触点间电阻为 R，给试样通电流 I_1，则 $I_1R-\alpha(\Delta T-(\Delta T_2-\Delta T_1))+\Delta U_1+\Delta U_2+\alpha_p\Delta T=U_{p1}$，半导体热电材料有 Peltier 效应，当给试样通直流电，两端的温差将发生变化。但是温差变化是一个时间积累效应。当通电时间很短时，可以认为两端温差不变，即 ΔT 不变，同时假设 U_1、U_2、ΔT_1、ΔT_2 不变，则整个公式可以写成 $I_1R+U_T=U_{p1}$，其中 U_T 为测量中不变的附加电势。改变电流的大小或方向，有 $I_2R+U_T=U_{p2}$，由此可解出：

$$R=\frac{U_{p1}-U_{p2}}{I_1-I_2} \tag{4-7}$$

热电偶两触点之间的间距是已知的，测量试样的截面积后，可以算出材料的电导率。

三、测量装置

测量在真空环境或保护气氛中进行。真空腔中加热炉的升温和降温过程用独立的 AI-708P 智能温控仪表控制，可精确控制升温和降温速度，样品台侧面有辅助加热器，用于在某一测量温度对在样品两端制造温差。用 Agilent 34970 数据采集单元和其附件 Agilent 34901 采集卡测量温度、电压和电流。Agilent 34901 共有 20 个电压信号通道和 2 个电流信号通道。本装置中需测量两个热电偶的温度 T_1、T_2，两个热电偶的 P 端电压和 N 端电压 U_p、U_n，试样的通电电流 I，共需 4 个电压信号通道和 1 个电流通道。Agilent 34970 采用扫描测量方式，用继电器切换逐个测量每一个通道的电压或电流。每个通道耗时在 0.03 秒以内。测量 5 个通道耗时在 0.15 秒以内。相对于被测信号的变化速度，可以认为各个通道的信号是同时测量的。

四、实验步骤

将试样安装在试样台上，将测试仪抽真空。设置 PID 温控仪以缓慢的速度升温和降温。其他测量控制用计算机自编程序控制。在默认情况下每隔30秒测量一次电导率，每隔10K测量一次Seebcek系数。也可以手动启动电导率和Seebcek系数测量。

测量电导率时，先正向通电，延时100毫秒，启动Agilent 34970扫描，再反向通电，延时100毫秒，启动扫描。两次扫描可以得到两组U_p、U_n和I值，根据公式(4-7)可以求出一个电阻值，再根据试样的截面积和两个热电偶触点之间的距离，可算出电导率。

当测量Seebeck系数时，启动一侧辅助加热器，试样的温差逐步变大，达到一定设定温差(通常为5K)后，关闭辅助回热器，温差又逐步减小。在温差变化过程中，每隔一定时间(默认为3秒)扫描一次，默认扫描次数为100次。扫描结束后可得到一组T_1、T_2、U_p、U_n值。用最小二乘法拟合出m_p值，可算出α值。测量一个Seebeck系数的点耗时约5分钟。需控制升温速度，使得测量过程中温度变化不大，以保证Seebeck系数变化很小。

图4-3为一次典型的Seebeck系数测量中所得的数据。所有的点的线性度较好。图4-3a和4-3b中的点略有分叉，分叉的两条线分别为辅助加热器开启和关闭状态下测得的点。测量开始时，两个热电偶上有3K左右的温差，这是由主加热器温差不均匀所致。辅助加热器开启后，温差逐步反转，辅助加热器关闭后，温差又逐步变为初始状态。图4-3中点在温差变化过程中分叉很小。根据所得的点用最小二乘法分别拟合m_p和m_n，其数值标于图中。在测量点α_p和α_n的值约为$20\mu VK^{-1}$和$-20\mu VK^{-1}$。因此根据m_p和m_n计算的Seebeck系数α分别为$115\mu VK^{-1}$和$117\mu VK^{-1}$。

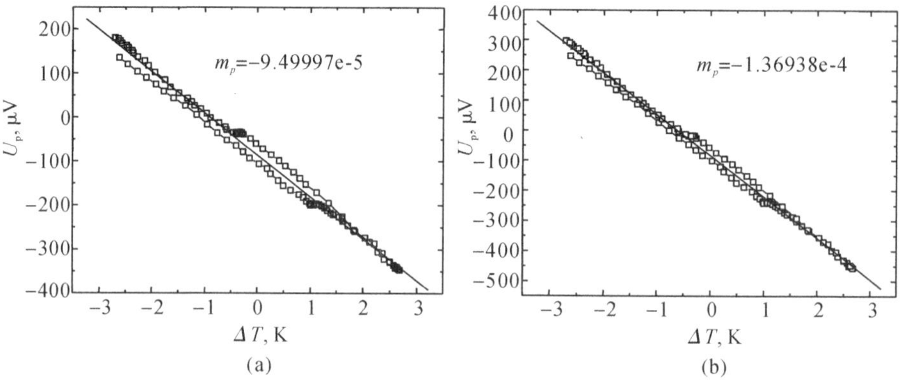

图4-3　某次Seebeck系数测量中的$U_p-\Delta T(a)$和$U_n-\Delta T(b)$

五、实验结果处理

对测量结果进行处理，可以得到：

1. 电导率与温度的变化关系；
2. Seebeck系数随温度的变化关系；
3. 电功率因子随温度的变化关系
4. 写出实验报告，内容包括实验名称、内容、结果和对结果的简单分析。

六、实验注意事项

仔细阅读实验指导书的内容，在指导老师的监督下严格按要求进行实验。

七、思考题：

1. 什么是热电材料，热电材料的主要应用有哪些？
2. 结果实验内容，分析如何利用 Seebeck 系数来判断半导体的导电类型？

第五章　材料的力学性能

引　言

本实验要正确掌握金属及无机材料常规力学性能测定方法，并把力学性能实验结果与材料科学基础、材料力学性能的基本知识结合起来分析，以进一步加深各课程之间的联系，融会贯通。

本实验所用材料为 20Cr、45 钢（淬火、低温回火）及改性陶瓷制成的试样。进行以下四个试验：

（1）金属静拉伸力学性能（45 钢）指标测定

（2）改性陶瓷压缩、弯曲力学性能指标测定

（3）洛氏硬度，布氏硬度和维氏硬度的测定

（4）用系列冲击方法测定（20Cr 钢）冲击韧性 a_k 及冷脆转变温度 T_K。

通过上述实验并对实验结果和数据整理，进一步加深组织结构对力学性能影响的感性认识，以进一步增强金属或陶瓷材料的成分和组织结构与力学性能之间关系规律的了解。

实验 1　45 钢（淬火、低温回火态）的静拉伸试验

一、实验目的：

（1）掌握金属拉伸性能指标的测定方法，加深对拉伸性能指标物理意义的理解。

（2）了解组织形态对力学性能特点的影响。

1. 拉伸试验内容：

测定 45 钢淬火、回火态的比例极限 σ_p（规定非比例伸长应力）及条件屈服极限 σ_S（$\sigma_{0.2}$）和 σ_b、$\delta\%$、$\psi\%$等性能指标。

二、拉伸性能主要指标测定方法及原理：

本实验主要测定金属材料的 σ_p、σ_S（$\sigma_{0.2}$）和 σ_b、$\delta\%$、$\psi\%$等性能指标，根据国标 GB228—2002《金属材料拉伸试验方法》上述的性能指标的测定方法如下：

（1）屈服强度 σ_S

对于有明显屈服现象的材料可用图解法测定，其应力为：

$$\sigma_S = p_S / F_0 \text{（MPa）}$$

对于淬火低温回火的45钢等无明显物理屈服现象的材料，应测其屈服强度$\sigma_{0.2}$，$\sigma_{0.2}$为试验在拉伸过程中标距部分残余伸长达原长度的0.2%的应力。用引伸计法测定，其应力为：

$$\sigma_{0.2}=p_{0.2}/F_0(\text{MPa})$$

(2)抗拉强度σ_b

将试样加载至断裂，由断裂前的最大载荷p_b所对应的应力即为抗拉强度σ_b。(F_0为原始截面积，下同)

$$\sigma_b=p_b/F_0(\text{MPa})$$

(3)延伸率δ

延伸率δ为试样拉断后标距长度的增量与原标距长度的百分比即：

$$\delta=[(L_K-L_0)/L_0]\times100\%$$

式中：L_0和L_K分别为试样原标距长度和拉断后标距间的长度(mm)。根据测定延伸率的需要，在试样上先刻出标距，并分为10分格。

由于断裂位置对δ有影响，其中以断在正中的试样伸长率为最大。因此测量断后标距部分长度L_K时分为两种情况：

Ⅰ. 如果拉断处到邻近标距端点的距离大于1/3 L_0，可直接测量断后两端点的距离L_K。

Ⅱ. 如果拉断处到邻近标距端点的距离小于或等于1/3 L_0则要用移位法换算L_K，如图5-1所示。

先在长段上从断口处O截取一段OC，其长度等于1/2或稍大于1/2标距的总格数；再由C向断口方向截取一段CB，令CB的格数等于C到邻近标距端点D的格数CD；则$AC+CB$便是断后的长度L_K。这样处理就相当于把CB移到试样的另一端，接到A处，变为断口在正中。

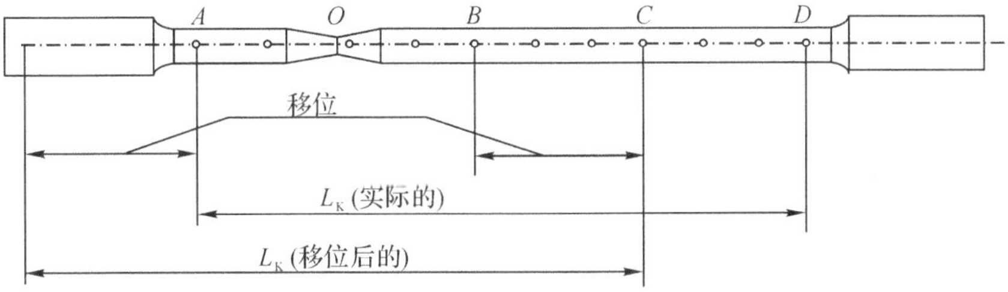

图5-1 拉伸试样移位法换算示意

(4)断面收缩率ψ

断面收缩率ψ为试样拉断后缩颈处横截面积的最大缩减量与原截面积的百分比即：

$$\psi=[(F_0-F_K)/F_0]\times100\%$$

式中：F_0和F_K分别为试样原始横截面积和拉断后缩颈处的最小横截面积(mm^2)。

三、设备及试样

1)设备：

本实验采用微机控制电拉伸试验机，其最大载荷为200kN，配备有引伸计、负荷、位移、形变等传感器,曲线和数据均能自动绘制、记录、显示、计算和保存、打印。

2)试样:

金属拉伸试样尺寸及加工精度在国标 GB228－2002《金属材料拉伸试验方法》中均有具体规定,但试样头部形状及尺寸可视试验机夹头要求而定。本实验采用圆柱试样,试样头部为螺纹头。

3)设备的使用:

(1)开机的顺序:试验机—计算机—打印机。

关机的顺序:试验机—打印机—计算机。

(2)运行前,一定要先调好限位,以防止撞车(两夹具相撞)。

(3)开机后可以 15～20 秒预热。

(4)软件死机可以软件重新启动即可,试验机不用关闭。

(5)试验机死机可以试验机断电然后隔 2 分钟后重新上电,软件重新启动即可。

(6)夹具的使用及更换要了解并确认夹具的选择。

(7)更换、拔插各个接线及传感器一定要断电后进行,以防止对单片机的芯片冲击。

(8)一个新的试验,顺序为:试验方案—参数向导—试验。

(9)一个已做的试验可以直接点击试验,输入试样的尺寸,清零,然后运行即可。

(10)对于一个试验如果试验的结束条件比如:试验速度、定负荷、定变形、定负荷衰减率等的变化可以只改变试验方案,而不改变参数向导。

(11)对于试验参数向导的改变比如:试样的形状、定显的结果项等可以只改变参数向导。

4)试验参数设置:

(1)试验方案名:是辨别一个试验方案的标识,命名不能重复。

(2)执行标准:该项不可编辑,需要用户在生成新的试验方案,并运行“参数向导”指定其对应的数据处理方法后才能自动生成。

(3)运行方向:确定运行方向,如拉伸(拉向)、压缩(压向)、弯曲(压向)、剪切(压向)、剥离(拉向)、撕裂(拉向)。

(4)变形传感器:是在试验过程中用于采集变形值的传感器,如位移、引伸计、大变形。

(5)试验入口负荷:即预负荷,是系统判断试验是否开始的负荷阀值。试验开始后,当系统检测到负荷值超过这个阀值后,进入采样阶段。而小于这个值的不规则数据将被过滤掉。

(6)试验运行速度:是确定试验的运行速度,如有必要可分三段速度设置。塑性变形小的材料或在屈服点前运行速度应设置较慢。

(7)试验结束方式:是确定用何种方式结束试验,如定变形、定负荷、定负荷衰减率等。

5)详尽的试验方案设计:

(1)试验方案名:金属拉伸

运行方向:拉向,变形传感器:位移,　入口负荷:20,　速度:10

起始判断点数:50　结束后除去点数:1

负荷零点:20　定负荷:180000　定变形:50　定负荷衰减率:80

返车位置:0　返车速度:0

同步曲线:位移—负荷

详细参数向导的设计：

试验方案名：金属拉伸　　试验处理方法：GB2282002（金属拉伸）

试样形状：棒材

定显结果项：拉伸强度、断后伸长率、最大力、规定非比例延伸强度等。

（2）引伸计法拉伸方案设计：

试验方案名：金属拉伸引伸计

运行方向：拉向

变形传感器：引伸计　　引伸计切换点：2　（当到达切换点后即要取下引伸计）。

入口负荷：20　　速度：10　　起始判断点数：50　　结束后除去点数：1

负荷零点：20　　定负荷：180000　　定变形：50　　定负荷衰减率：80

返车位置：0　　返车速度：0

同步曲线：位移—负荷

详细参数向导的设计：

试验方案名：金属拉伸引伸计　　试验处理方法：GB2282002（金属拉伸）

试样形状：棒材

定显结果项：拉伸强度、断后伸长率、最大力、规定非比例延伸强度等。

四、试验步骤

1）试样的准备

（1）将领取的试样打上印记，并将材料、热处理状态作记录。

（2）测量试样尺寸，用精度为 0.02mm 的游标卡尺测量直径（同一截面相互垂直的两个方向各量一次，至少测量三个截面），计算平均直径并以最小平均直径计算横截面积 F_0 填入表内。

（3）用划针或刻线机刻线，将标距范围内的长度分成 10 等分，轻轻刻上线，测量标距距离 L_0 记录表内。

拉伸实验记录表

<table>
<tr><td>实验材料</td><td colspan="4"></td><td colspan="3">热处理状态</td><td colspan="3"></td></tr>
<tr><td colspan="11">拉伸前数据</td></tr>
<tr><td rowspan="3">标距 L_0（mm）</td><td colspan="10">直径 d_0（mm）</td></tr>
<tr><td colspan="3">截面 1</td><td colspan="3">截面 2</td><td colspan="3">截面 3</td><td rowspan="2">截面面积 F_0（mm^2）</td></tr>
<tr><td>（1）</td><td>（2）</td><td>平均</td><td>（1）</td><td>（2）</td><td>平均</td><td>（1）</td><td>（2）</td><td>平均</td></tr>
<tr><td></td><td></td><td></td><td></td><td></td><td></td><td></td><td></td><td></td><td></td><td></td></tr>
<tr><td colspan="11">拉伸过程中数据</td></tr>
<tr><td colspan="3">屈服载荷 p_S（kN）</td><td colspan="3"></td><td colspan="2">最大载荷 p_b</td><td colspan="3"></td></tr>
<tr><td colspan="11">拉断试样后数据</td></tr>
<tr><td colspan="6">标距 L_K 的测定</td><td colspan="3">断裂处直径 d_0（mm）</td><td colspan="2">断裂处截面面积</td></tr>
<tr><td colspan="2">断裂位置</td><td colspan="2">测量方法</td><td colspan="2">L_K（mm）</td><td>1</td><td>2</td><td>平均</td><td colspan="2">F_K（mm^2）</td></tr>
<tr><td colspan="2"></td><td colspan="2"></td><td colspan="2"></td><td></td><td></td><td></td><td colspan="2"></td></tr>
</table>

2)试验设备的准备

(1)了解所用设备的基本原理,认识所用设备的性能、用途及特点。

(2)学习设备操作规程、安全事项和操作方法。

(3)调整并设置好所用设备及参数。

3)试验

做好以上所有准备工作后可点击“试验”。此时弹出一个对话框,点击“试验参数”显示当前试验控制参数。再点击“用户参数”,设置好对话框中的用户参数如:试样材料、试样直径、试样长度等。确定无误后点击“试验”即可。

(1)显示试验结果。

(2)打印试验报告。

(3)测量拉断试样的 L_K 及 F_K;处理拉伸曲线,分别标出 p_S、p_b 值并记入表中。

(4)计算试验结果:$\sigma_S(\sigma_{0.2})$、σ_b、$\delta\%$、$\varphi\%$

五、实验报告

(1)实验目的;实验步骤。

(2)实验报告(应附有拉伸曲线和数据记录表)。

(3)实验结果的讨论。

六、思考题

(1)为什么塑性变形小的材料或在屈服点前拉伸的运行速度应设置较慢;试样在拉伸过程中为什么随着塑性变形增加强度增大。

(2)试样拉断后如果断口在根部附近为什么要用移位法来测量伸长率 $\delta\%$。

实验2 改性陶瓷的压缩、弯曲试验

一、实验目的

(1)掌握陶瓷材料性能指标的测定方法,加深对压缩、弯曲性能指标物理意义的理解。

(2)了解组织形态和成分对力学性能特点的影响。

二、压缩和弯曲试验内容

(1)抗压强度

将试样加载至破裂,由破裂前的最大载荷 F_{bC} 所对应的应力即为抗压强度 σ_{bC}。

$$\sigma_{bC}=F_{bC}/F_0\text{(MPa)}$$

(2)弯曲强度:

将试样在弯曲装置上经受弯曲塑性变形,不改变加力方向,直至达到规定的弯曲角度 α 或断裂前的最大载荷 F_{bf} 所对应的应力即为弯曲强度 σ_{bf}。

$$\sigma_{bf}=F_{bf}\times L_s/4\times W$$

L_s 为跨距,对于矩形试样截面系数 $W=bh^2/6$,对于圆形试样 $W=\pi d^3/32$。

三、支辊式弯曲装置

(1)支辊:

支辊长度应大于试样宽度或直径,支辊半径应为1~10倍试样厚度。支辊应具有足够的硬度。

支辊间的距离应按下式确定:

$$l=(d+3a)\pm0.5a$$

此距离在试验时应保持不变如图5-2:

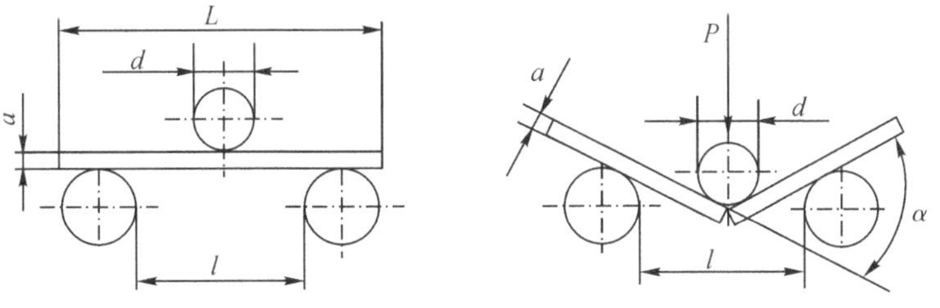

图5-2 支辊式弯曲示意

(2)压头:

弯曲压头直径应在相关产品标准中规定。弯曲压头宽度应大于试样宽度或直径。弯曲压头应具有足够的硬度。

四、设备和试样

1)设备

同本章实验1。

2)试样

压缩试样采用10×10×20改性陶瓷,弯曲试样采用10×10×50的改性陶瓷。

3)设备的使用

同本章实验1

4)试验参数设置

同本章实验1

5)详尽的试验方案设计

(一)试验方案名:金属弯曲

运行方向:压向

变形传感器:位移

入口负荷:20　　速度:10　　起始判断点数:50　　结束后除去点数:1

负荷零点:20　　定负荷:180000　　定变形:20　　定负荷衰减率:80

返车位置:0　　返车速度:200

同步曲线:位移—负荷

详细参数向导的设计:

试验方案名:金属弯曲　　试验处理方法:GB1445293(金属弯曲)

试样形状:板材

定显结果项:弯曲强度、 弯曲模量、 最大弯曲力等。

(二)试验方案名:金属压缩

运行方向: 压向

变形传感器:位移

入口负荷:20

速度:10　　起始判断点数:50　　结束后除去点数:1

负荷零点:20　　定负荷:180000　　定变形:3　　定负荷衰减率:80

返车位置:0　　返车速度:200

同步曲线:位移—负荷。

详细参数向导的设计:

试验方案名:金属压缩。

试验处理方法:GB731487(金属压缩)。

试样形状:棒材。

定显结果项:压缩强度、压缩模量、最大压缩力等。

五、实验步骤:

1)试验设备的准备

(1)了解所用设备的基本原理,认识所用设备的性能、用途及特点。

(2)学习设备操作规程、安全事项和操作方法。

(3)调整并设置好所用设备及参数。

2)进行试验

做好以上所有准备工作后可点击“试验”。此时弹出一个对话框,点击“试验参数”显示当前试验控制参数。再点击“用户参数”,设置好对话框中的用户参数如:试样材料、试样直径、试样长度等。确定无误后点击“试验”即可。

(1)显示试验结果。

(2)打印试验报告。

六、实验报告:

(1)实验目的;实验步骤。

(2)实验报告(应附有压缩和弯曲曲线)。

(3)计算试验结果:σ_{bC}、σ_{bf}

(4)实验结果的讨论。

七、思考题

(1)陶瓷材料的组织形态与成分对材料的抗压强度有什么影响。

(2)陶瓷材料的抗压性与抗弯性有什么区别和联系。

实验 3 材料的硬度试验

一、实验目的

1. 了解硬度测定的基本原理及应用范围。

2. 了解布氏、洛氏、维氏硬度试验机的主要结构、基本原理。

3. 掌握布氏、洛氏、维氏硬度试验机的正确使用和操作方法。

二、概述

硬度是衡量金属材料软硬程度的一种性能指标。是表示金属抵抗最大塑性变形的能力。因此,硬度不是一个单纯的物理量,而是反映了材料的弹性、塑性、韧性、强度等一系列不同力学性能组成的综合性能指标,所以硬度所表示的量不仅取决于材料本身,而且还取决于试验方法和试验条件。

三、布氏硬度(HB)

1. 布氏硬度的试验原理

布氏硬度试验是材料在金属表面施加一定大小的载荷 p,将直径为 D 的淬硬钢球压入被测材料表面,保持一定时间,然后卸除载荷,根据钢球在金属表面所压出的凹痕面积 F,除载荷所得的商即为布氏硬度(图 5-3)。其符号用 HB 表示:

$$\mathrm{HB}=p/F=p/\pi Dh=2p/[\pi D(D-\sqrt{D^2-d^2})](\mathrm{kg/mm^2})$$

布氏硬度值的大小,就是压痕单位面积上所承受的压力,所以布氏硬度是有量纲的。

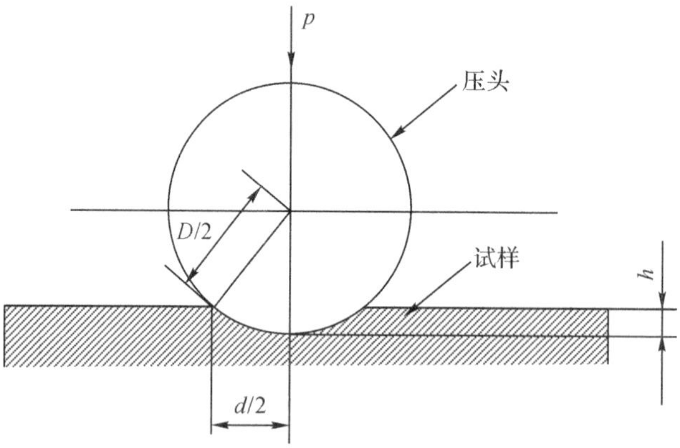

图 5-3 硬度测试方法

2. 布氏硬度测定的技术要求

(1)试样表面必须平整光洁,以使压痕边缘清晰,保证精确测量压痕直径 d。

(2)试验时必须保证所施作用力与试样或试件的试验平面垂直。试验过程中加荷应平稳均匀，不得受到冲击和震动。

(3)硬度试验计的示值允许误差为±3%。

(4)压痕中心到试样边缘的距离应不小于压痕直径的2.5倍，而其相邻压痕中心的距离应不小于压痕直径的4倍。试验硬度小于HB35的金刚石，上述距离应分别为压痕直径的3倍和6倍。

(5)根据不同的金属及硬度的大小、试样的厚度确定 p 与 D 的关系参见下表：

表 5-1 布氏硬度试验规范表

金属类型	布氏硬度(HB)	试样厚度(mm)	p 与 D 的关系	D(mm)	p(kg)	载荷保持时间(s)
黑色金属	140～450	6～3 4～2 <2	$p=30D2$	10 5 2.5	3000 750 187.5	10
	<140	>6 6～3 <3	$p=10D2$	10 5 2.5	1000 250 62.5	10
有色金属	>130	6～3 4～2 <2	$p=30D^2$	10 5 2.5	3000 750 187.5	30
	36～130	9～3 6～3 <3	$p=10D^2$	10 5 2.5	1000 250 62.5	30
	8～35	>6 6～3 <3	$p=2.5D^2$	10 5 2.5	250 62.5 15.6	60

(6)试验后压痕直径的大小应在 $0.25D<d<0.6D$ 范围内，否则试验无效，应选择相应的负荷或压头重新试验。

(7)试样厚度不应小于压痕深度的10倍，测试后，试样背面不得有肉眼可见的变形痕迹。当试样厚度足够时应尽可能选择10mm直径的钢球。

(8)用读数显微镜测量压痕直径时，应从相互垂直的两个方向上进行，取其算术平均值。

(9)试样制备时，注意不使试样过热和产生加工硬化现象。

(10)为了表明试验条件，可在HB值后标注D/P/T。如400HB 10/3000/10即表示此硬度值400是在D=10mm、p=3000kg、T=10s的条件下得到的。

三、洛氏硬度(HR)

1. 洛氏硬度的试验原理

洛氏硬度与布氏硬度一样也属压入法，但它不是测量压痕的面积，而是根据压痕的深度来确定硬度值指标(无纲量)。洛氏硬度的压头采用锥角为120°的金刚石圆锥或直径为1.588mm的淬火钢球，负载先后两次施加，先加初载荷 p_1(10kg)，后加主载荷 p_2，总载荷为 $p=p_1+p_2$。从图5-4中可知，h 为压头压入的实际深度即最大的塑性变形，此值就表示金属材料的软硬程度，即所测的硬度值。

众所周知，在相同的力下，金属越硬，压痕深度 h 越小；反之压痕深度 h 越大。

但人们习惯上，金属越硬，数值越大，金属越软数值越小。所以规定用一常数 K 减去 h 值作为洛氏硬度值的指标，并规定每 0.002mm 为一个洛氏硬度单位，在硬度机上表示为每小格为 0.002mm，即平常所说的一度。

$$HR=(K-h)/0.002$$

使用金刚石压头，$K=0.2$mm(HRC)

使用钢球压头，$K=0.26$mm(HRB)

例如：压痕深 $h=0.08$，HRC=(0.2−0.08)/0.002=0.12/0.002=60(HRC)。

表 5-2　洛氏硬度试验规范表

标度	压头	总负荷	硬度值有效范围	使用范围	表盘刻度
HRA	120° 金刚石圆锥	60	70～85	测量硬质合金、表面淬火层、渗碳层	黑色
HRB	1.588mm 钢球	100	25～100 (HB60～230)	测量有色金属、退火及正火钢	红色
HRC	同 HRA	150	20～67 (HB230～700)	测量调质钢、淬火钢等	黑色

2. 测量洛氏硬度的技术要求

(1)根据被测金属材料的硬度高低、按上表选定压头和载荷。

(2)试样试验面和支撑面、压头表面以及载样台面应清洁而无外来污物油腻附着。

(3)试样厚度应不小于压入深度的 8 倍。

(4)加载时力的作用线必须垂直于试样表面。

(5)两相邻压痕及压痕离试样边缘的距离不应小于 3mm。

(6)加载必须平稳连续无冲击，不应有附加振动，加荷时间一般为 4～8 秒，对软金属应采用较长保荷时间 10～30 秒或更长，卸载时应平稳缓慢。

(7)每次试验次数不少于三次，并分别记录，取其算术平均值作为该样的硬度值。

(8)在每次试验时，第一次试验结果无效。

3. 洛氏硬度试验机的结构和操作

(1)机体及工作台：

试验机有坚固的铸铁机体，在机体上可安装不同形状的工作台，通过手轮的转动，借助螺杆的上下移动而使工作台上升和下降。

(2)加载机构：

由加载杠杆(横杆)、挂重架(纵杆)、主轴和砝码等组成，通过杠杆系统将载荷传至压头而压入试样，借助操纵手柄的转动可完成加载和卸载任务。

(3)压痕测量机构：

通过百分表指示各种不同的硬度值。

4. 操作规程如下

(1)根据试样预期硬度按表 5-2 确定压头和载荷，并调整之。

(2)将符合要求的试样放置在试样台上，顺时针转动手轮，使试样与压头缓慢平稳接触，直至表盘小指针由黑点指到红点。大指针垂直向上，此时即已预加载荷10kg。然后将表盘大指针调整到零点(HRA、HRC零点为0，HRB零点为30)。此时压头处于图5-4中3-3位置。

(3)缓慢地向后转动手柄到底，平稳地加主载荷。当表盘中大指针向反时针旋转若干格并停止时，持续几秒钟(此时压头位置在图5-4中2—2处)，再平稳地向前搬回手柄到底，即卸除主载荷。此时大指针返回若干格，这说明弹性变形得到恢复，指针所指位置反映了压痕的塑性变形，即实际深度(此时压头位置位于图5-4中4-4处)。由表盘上可直接读出洛氏硬度值，HRA、HRC读外圈黑刻度，HRB读内圈红刻度。

(4)逆时针旋转手轮，取出试样(或重新试验)，测试完毕。

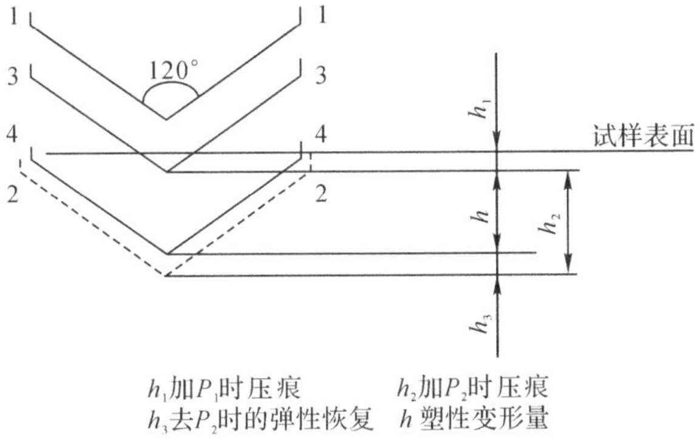

图5-4 硬度实验操作示意图

四、维氏硬度

1. 维氏硬度的试验原理：

维氏硬度试验法是静载压入试验法中较精确的一种，它与布氏硬度试验法不同，它是以相对两棱角为136°的金刚石正四棱锥体为压头，在一定负荷作用下，压入被测表面，保持规定时间后卸荷，测量所得压痕的两对角线，取其平均值，然后查表或代入公式计算求得硬度值(图5-5)。

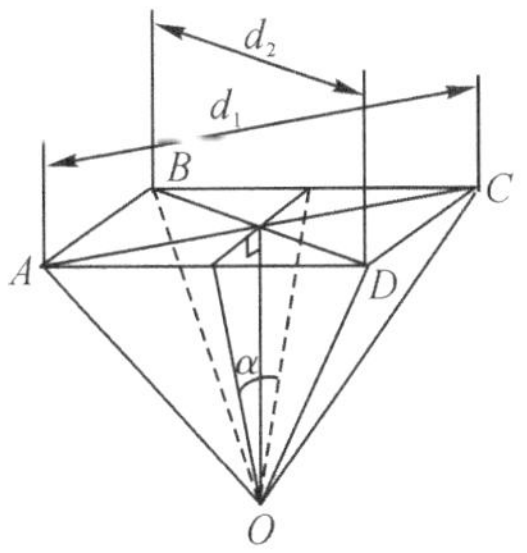

图5-5 维氏硬度

维氏硬度值是用压痕表面积上所承受的平均压力来表示，按下式计算：

$$HV = p/F$$

式中：HV-维氏硬度符号(公斤力/毫米^2)

p-作用压头上的负荷(公斤力)

F-所得压痕表面积(毫米^2)

从图中可知：

$$F = d^2/[2\sin(\alpha/2)] = d^2/1.8544$$

所以 $$HV = [2p\sin(\alpha/2)]/d^2 = 1.8544p/d^2$$

其中 $d=(d_1+d_2)/2$(毫米)

2. 维氏硬度的试验技术要求

(1)试样表面必须精心制备,上下两面应平行,被测试面的光洁度应不低于▽9。

(2)试样的厚度不应小于其压痕对角线的1.5倍,试样背面不应呈现变形痕迹。试验时压痕中心至试样边缘的距离及两压痕中心的距离对黑色金属应大于压痕对角线平均值的2.5倍,对有色金属大于压痕对角线平均值的5倍。

(3)试验时应尽可能选用大负荷,HV 应附以相应的下标,注明试验载荷值,例如 $HV_{200}=375$,即表示在200克载荷下所测得的维氏硬度值为375。

3. 操作规程如下

(1)将试样放置于试台上,并应保证试面与主轴轴线垂直,将10倍物镜转至正前方然后转动试台升降手轮,使试面离物镜下端8毫米,再慢慢转动升降手轮,并在目镜中观察,直至看清试样表面的加工痕迹。如果从目镜中观察分划板上的字和线不清晰,可转动目镜,使之清晰为止。

(2)将转动头的主轴转至正前方,按下"加荷"按钮,硬度计即自动完成"加荷—保持—卸荷"的试验过程,卸除试验力后,压头会自动升至初始位置。

(3)使转动头旋转90°,根据压痕的大小,用10倍或40倍的物镜测量压痕两对角线的长度,取其平均值,然后用表查出硬度值。

五、实验报告

1. 简述布氏、洛氏、维氏硬度试验原理。
2. 简述布氏、洛氏、维氏硬度试验各有何特点,三者有何优缺点及应用范围。
3. 简述洛氏硬度试验有哪些试验要求。

六、思考题

1. 洛氏硬度试验时为什么先要加初载荷 P_1;为什么主载荷去掉后才能读硬度值。
2. 硬度值的大小与材料的弹性、塑性、韧性、强度等有什么内在联系。

实验 4　20Cr 钢(淬火、低温回火态)的冲击试验

一、试验目的

学习金属材料在不同热处理状态下对冲击性能的影响。了解试样断口与热处理状态的关系、韧性断口与脆性断口的区别。冲击韧性、脆性断面率及冷脆转变温度的测定。

二、试验内容

1)脆性断面率

2)冷脆转变温度

用 V 型缺口的夏比冲击试样在规定的刀口尺寸及支座尺寸的冲击试验机上进行不同温度的冲击试验,然后测量试样断口,当其纤维状断口与结晶状断口的面积比(脆性断面率)各为 50%时的相应温度即为冷脆转变温度。或当冲击功 A_K(J)达到 A_{KMAW} 值(A_{KMAW} 值为室温下全部为纤维状断口的 A_K 计算)的 40%～50%时的温度为冷脆转变温度。

三、冲击韧性理论

冲击韧性是表征金属韧度和塑性的一种综合性能,它表示在冲击载荷下,对零件需要作多少功才能破坏,冲击韧性的高低表示金属在突加载荷下脆性破坏倾向的大小。

四、试样

20Cr 钢试样经热处理后在磨床上磨光再开夏比 V 型缺口的标准试样。冲击样坯的切取应按产品标准或 GB2975 的规定执行。试样的制备应避免由于加工硬化或过热而影响金属的冲击性能。标准夏比缺口冲击试样的形状及尺寸都有严格要求。如图 5-6 所示:

五、实验设备及步骤

本实验采用 JB-30 型摆锤式冲击试验机,试验前须对试验机进行检查并进行空击试验,校正指针零点。

试验时,先将试样安放在支座上,缺口背面朝向摆锤,须保证试样缺口与支座跨距中心相重合,然后将摆锤抬起止冲击位置,将冲击手柄拉向冲击位置,当摆锤冲击试样后回摆时再将手柄拉向“刹车”位置,摆锤立即制动。记下试验机指针在表盘上的数值,即为冲断试样所消耗的冲击功 A_K。

安放试样和释放摆锤均一人操作,严禁两人合作。所有参加试验的人都不许在摆锤的平面内站立、走动,参加本试验一定要集中注意力,保持良好秩序。

六、实验报告

(1)实验目的

(2)实验设备及试样

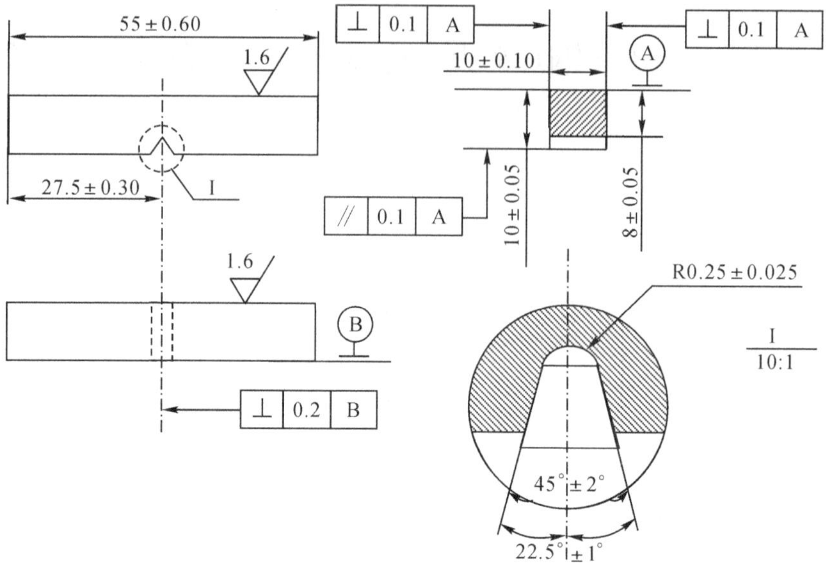

图 5-6 标准夏比 V 型缺口冲击试样

(3)整理试验结果数据，冲击功 A_K(J)、冲击值(冲击韧性)α_k(J/cm^2)、脆性断面率、及冷脆转变温度 T_K。

七、思考题

(1)为什么随着温度的降低脆性增大；如何根据试样断口的形貌特征来判断材料的脆性大小。

(2)相同的温度下冲击值的大小与材料的哪些状态有关。

第六章　X 射线衍射

实验 1　物相定性分析

一、实验目的

1. 了解 X 射线衍射仪的基本结构和衍射过程
2. 掌握物相分析的测试方法
3. 利用 JCPDS 卡片和索引对所测衍射图进行分析并写出分析结果

二、X 射线衍射仪的基本结构及衍射过程

X 射线衍射仪由 X 射线发生器及控制系统，测角仪及数据测量采集系统，仪器控制及数据处理系统三部分组成。图 6-1 所示为其基本结构图。

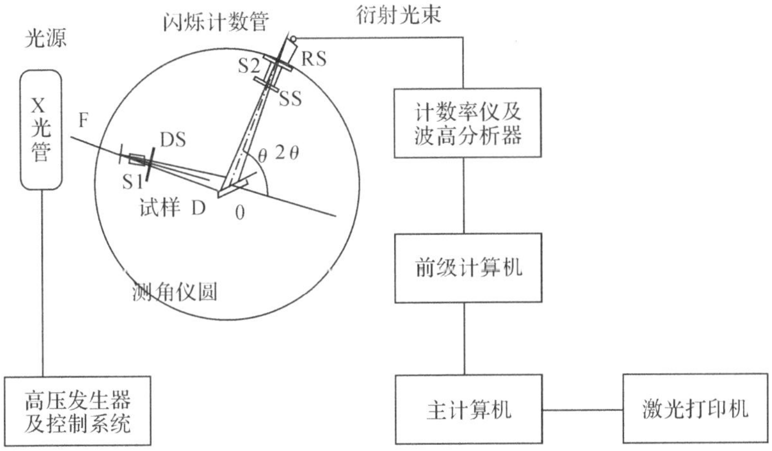

图 6-1　X 射线衍射仪

1. X 射线发生器及控制系统

(1) X 射线管

衍射用的 X 射线管属于热电子二极管，有密封式和转靶式两种。我们使用的是密封式 X 射线管，最大功率为 2kV。密封式 X 射线管的结构如图 6-2 所示

X 射线管工作时阴极接负高压，阳极接地。阴极是用钨丝绕成螺线形的灯丝，灯丝通电

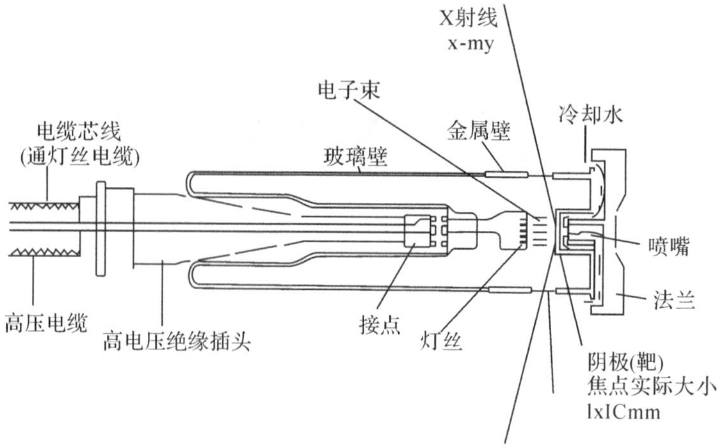

图 6-2　密封式衍射用 X 射线管结构

加热后，产生的热电子并受管内高压电场作用，被加速后轰击阳极靶面，从而产生 X 射线。阳极靶是由熔点高，导热性能好的铜制成。而靶面上则镀上或镶上一层纯金属，如 Cr，Cu，Fe，Mo 等。被热电子轰击后，从而产生不同波长的 X 射线。X 射线从靶上往各个方向辐射，在靶附近的管壁上开 X 射线窗口，射线从窗口取出。这窗口用质量吸收系数极小的铍（Be）制成，厚度仅为 0.25mm。窗口通常设在 X 射线与靶面成 6°角的地方。在靶面上被热电子轰击的地方称为焦点，其形状是长方形的，面积为 $1\times10mm^2$，窗口的位置对应焦点的四个面，短边为点焦点，长边为线焦点，在 X 射线衍射仪上用的是线焦点，因为其分辨率高。

密封式 X 射线管除了阳极一端外，其余部分都是玻璃制成的。管内真空度达 $10^{-5}\sim10^{-6}$ 乇（Torr，即 mmHg 柱），高真空可以延长发射热电子的钨质灯的寿命，防止阳极表面受到污染。另外，当热电子轰击靶面时，只有 1%～2%的动能转化成 X 射线，而 98%～99%将变为热能，因此 X 射线管工作时必须用水流从阳极靶底部加以冷却，以免靶面熔化毁坏。为提高靶与水的热交换效率，冷却水流是用喷嘴喷射在的阳极靶背面上的，流量要求＞3.5 升/分。X 射线发生器的停水报警保护电路必须可靠。另外，为操作者的安全，X 射线管的阳极要有良好的接地线。

（2）高压发生器及其控制系统

这部分由高压变压器，整流电路，管压管流稳定电路及保护电路组成。X 射线管的负高压由高压变压器通过高压电缆输出。一般密封式 X 射线管的管压最大开 40kV，管流 50mA。X 射线衍射仪装有管电压管电流的稳定电路，在衍射测量过程中，仪器的综合稳定度要小于 1%，以保证 X 射线光源的稳定，所以对这部分要求较为严格。另外装有安全保护电路，当冷却水流量不足时；当管子的运行功率超过设定值时；当管压超过设定限制时，蜂鸣器将发出报警响声，并自动切断电源，确保仪器安全。

2. 测角仪及数据测量采集系统

（1）测角仪

测角仪是衍射仪上最精密的机械部件，用来精确测量衍射角。测角仪的结构如图6-3

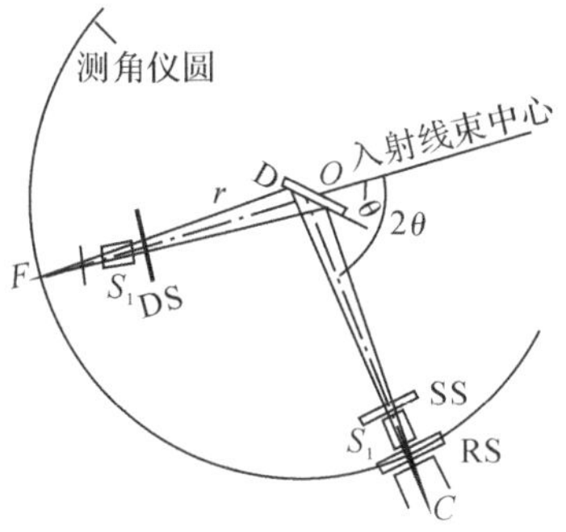

图 6-3 衍射仪的结构

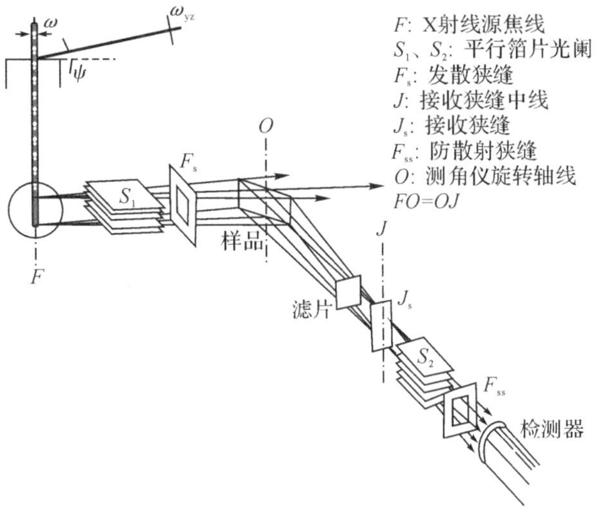

图 6-4 测角仪的光路系统

所示。F 为入射 X 射线焦点，D 为平板样品，O 为测角仪和样品台中心，C 为计数器。从光源 F 到样品中心 O 的距离与 O 到计数器 C 的距离相等（$FO=OC$），都等于测角仪的半径（或称扫描半径）r。当样品与计数器绕 O 旋转时上述距离保持不变。入射的 X 光经过入射狭缝 DS（限制入射光束的发散度），衍射光经过防散射狭缝 SS（防空气散射进入）和（限制衍射线束的）接收狭缝光阑 RS。在光路上还有两组由平行金属片组成的 Soller 狭缝，其作用是限制入射和衍射光束的垂直发散度。SS 等狭缝和计数器 C 都装在同一个支架上，在实验过程中联合转动。图 6-4 是测角仪的光路系统，测角仪光路上配有一套狭缝系统：(a) Sollar 狭缝：即图 6-4 中之 S_1、S_2，分别设在射线源与样品和样品与检测器之间。Sollar 狭缝是一组平行薄片光阑，实际上是由一组平行等间距的、平面与射线源焦线垂直的金属薄片组成，用来限制 X 射线在测角仪轴向方向的发散，使 X 射线束可以近似的看作仅在扫描圆平面上发散的发散束。(b)发散狭缝：即 F_S，用来限制发散光束的宽度。(c)接收狭缝：即 JS，用来限制所接收的衍射光束的宽度。(d)防散射狭缝：即 F_{SS}，用来防止一些附加散射（如各狭缝光阑边缘的散射，光路上其他金属附件的散射）进入检测器，有助于减低背景。

(2) 衍射仪的聚焦

测角仪是按照布拉格—布伦塔诺(Bragg-Brentano)聚焦条件设计的。衍射仪中聚焦原理在实际的测角仪中，则如图 6-5 所示。

当入射线与样品的夹角 θ 自 0°附近开始增加时，如果有衍射产生，聚焦点 J 应自 FO 的延线上的 P 点（$OP=R=OF$，此位置 $2\theta=0°$）附近开始，沿以 O 为中心、R 为半径的圆周运动，而弧线段 $A'B'$ 也以 O 为轴转动，并改变着曲率，且 OJ 与弧线段 AB 在 O 点的切线段 $A'B'$ 的夹角恒为 θ，所以 OJ 转过的角度即为 2θ。因此，在测角仪中，只需检测器与样品以同一转轴 O 转动，样品平面与 O 轴重合，并要求 $OJ\equiv R\equiv OF$，且当样品表面转过 θ 角时，检测器转过 2θ 角，即检测器与样品表面角位移之比为 2 : 1，则能保证样品表面在任意的 θ 位置时 OJ 与样品表面($A'B'$)间的夹角也为 θ，如此便能保持上述的近似聚焦条件。2θ 可以根据检

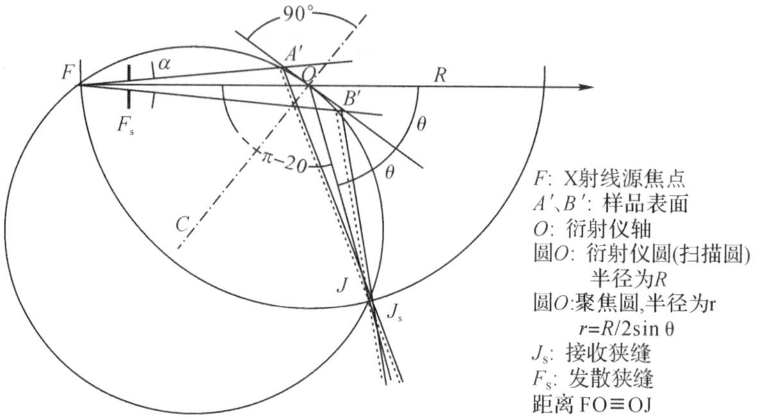

图 6-5　X 射线粉末衍射仪中平板样品的准聚焦

测器转过的角度直接读出。

(3) 衍射数据的采集

当 X 射线源射出的 X 射线经过索拉狭缝 S_1 和发散狭缝 F_S,形成一束光照射到试样表面(即平行与表面的各个晶面)时,产生的反射线(即衍射线)再经过防散射狭缝 F_{SS} 接收狭缝 RS,最后聚焦并进入计数管中。记录衍射强度的闪烁计数器 (SC),具有灵敏度高、计数快、寿命长等优点,近年来被广泛应用。闪烁计数器包括闪烁体、光电倍增管和前置放大器三部分,见图 6-6。

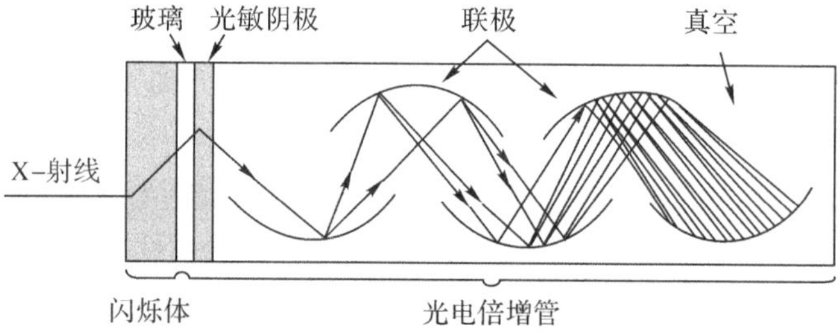

图 6-6　闪烁计数器

闪烁体是掺入约 0.5%铊(T1)做激活剂的碘化钠(NaI)透明晶体。闪烁体的作用是将入射的 X 光光子转化成可见的荧光(λ=4200A)。光电倍增管的前端是 Cs—Sb 金属间化合物制成的光敏阴极。闪烁体发出的荧光照到光敏阴极上,光敏阴极受激产生光电子电流,于是将光信号变成了电信号。其后是若干级金属联极,每个级间维持 100V 的电位差,联极将电信号放大若干倍,形成了一个可测量的电脉冲,输入到前置放大器,信号再次放大后被计数率仪接收,一个 X 光光子对应一个电脉冲,衍射光越强,X 光光子的数目越多,相应的脉冲数目也越多,因此可以通过脉冲数目来计量衍射强度。

实验要求计数器接收的都是与入射光波长相一致的衍射信号,为此应去除实验过程中光源和环境可能介入的其他波长的辐射。不同波长的散射波相应的 X 光光子能量不同,经闪烁计数器转换后其脉冲高度也不同,因此控制散射波波长的目的可以通过控制脉冲高度来实现。脉冲高度分析器就是一个分辨和分解脉冲高度的装置。它能合理地对光量子的能量即所产生的脉冲幅度大小进行鉴别，只能允许与特征 X 射线产生一定大小的脉冲通过，使得噪音、连续谱和与入射光能量不同的其他信号不能被接收，从而达到滤波和提高峰背比的目的。最后经计数率仪把随机输入的脉冲平均计数率转换成为与之成正比的直流电压模拟值，用记录设备记录下来，并以单位时间内平均脉冲数 CPS(counts per second)来表示。在衍射仪法中，我们是用 CPS 来表示 X 射线的强度的。这样，借助于计数率表便能用 mV 记录仪测量记录扫描过程接收到的 X 射线强度的变化，得到衍射曲线，整个衍射过程结束。

3. 衍射仪控制与数据处理系统（计算机系统）

X 射线衍射分析操作系统是以一台个人计算机为主机，通过一个硬件接口控制一台前级计算机(单板机)来完成对衍射仪的控制以及衍射数据的采集分析等工作。前级计算机根据主机的命令选择运行衍射仪的各种功能程序；主机以联机在线方式控制衍射仪的运行，Windows 图形界面，操作者用鼠标点选各种衍射仪操作命令，屏幕实时地显示采集的数据；在扫描的同时，一幅完整的衍射图在计算机屏幕上同步显示出来。扫描结束。文件存盘后，再运行数据处理软件，对所测得衍射图进行处理，包括平滑、去背底、寻峰、定峰位，将 2θ 值、相对强度(I/I_0)值、晶面间距(d)值一一显示在屏幕上。并保存在计算机内或软盘上。最后由激光打印机将一张完整清晰的 X 射线衍射图谱打印出来。

三、物相分析的测试方法及检索

1. 选择合适的实验条件

(1) 选靶：

选择合适的 X 射线波长(选靶)，是进行 X 射线衍射实验首先要考虑的问题。应依据被测样品的元素的吸收性质，选择合适的 X 射线波长，亦即选择不同靶材的 X 射线管。应避免使用能被样品强烈吸收的 X 射线波长，否则将激发样品放出强的荧光辐射，增高衍射图的背景。根据元素吸收性质的规律，可以得到一个简单的选靶规则——X 射线管靶材的原子序数要比样品中最轻元素(钙及比钙更轻的元素除外)的原子序数小或者相等，最多不宜大于 1。也可以选择靶材料原子序数远远大于试样原子序数的阳极靶，例如 Mo 靶。我们通常使用的是 Cu 靶。在试样中含 Fe 元素较多时用 Cr 靶。另外，在选好靶的同时，要选用相应的滤波片，滤波片的原子序数比靶的原子序数小 1，这样能有效地吸收 K_β 线。例如，用 Cu 靶(Z=29)时，就用 Ni(Z=28)滤波片。Cu 的 $\lambda_{k_\alpha}=1.5406$，$\lambda_{k_\beta}=1.39217$，Ni 的 K 系吸收限 $\lambda_k=1.4881$，恰好位于 Cu 的 λ_{k_α} 与 λ_{k_β} 之间，因此 λ_{k_α} 通过 λ_{k_β} 则被滤掉。

另外，可采用晶体单色器。既选择反射本领强的单晶体的某一衍射晶面，如石墨的(002)晶面。调整该晶面的方位，当 X 射线管发出的(或由试样衍射后得到的)混合辐射入射到此晶面上，其中某一辐射(如 K_α)满足布拉格条件时，即可由此晶面反射出单色的辐射波长。此时 K_β 线及大部分连续辐射即被消除，可有效地降低背景。这种晶体单色器在现代衍射仪中已广泛地被使用。

(2) 扫描方式：

定速连续扫描

试样和检测器以角速度比 1∶2 的关系匀速转动。在转动过程中，检测器连续地测量 X 射线的散射强度，各晶面的衍射线依次被接收。计算机控制的衍射仪多数采用步进电机来驱动测角仪转动，因此实际上转动并不是严格连续的，而是一步一步地（每步 0.0025°）跳跃式转动，在转动速度较慢时尤为明显。但是检测器及测量系统是连续工作的。连续扫描的优点是工作效率较高。例如以 2θ 每分钟转动 4°的速度扫描，扫描范围从 20～80°的衍射图 15 分钟即可完成，而且也有不错的分辨率、灵敏度和精确度，因而对大量的日常工作（一般是物相鉴定工作）是非常合适的。但连续扫描速度不易太快，这将影响到衍射峰高及分辨率下降，线型非对称加宽。所以，选择合适的扫描速度也很重要。

步进扫描

步进扫描有时也称阶梯扫描。试样每转动一步（固定的 $\Delta\theta$）就停下来，测量记录系统开始测量该位置上的衍射强度。强度的测量也有两种方式：定时计数方式和定数计时方式。然后试样再转过一步，再进行强度测量。如此一步步进行下去，完成指定角度范围内衍射图的扫描。步进扫描一般耗费时间较多，因而须认真考虑其参数。在平时日常工作中，做材料的结构分析通常都是用步进扫描的方式进行测量。

2. X 射线管电压、管电流及其他参数的设置

X 射线管产生的连续光谱的短波限决定于 X 射线管的工作高压。不宜使用太高的电压，否则会导致衍射仪检测器的工作物质被短波部分激发，产生所谓“逃逸峰”，干扰低角度衍射峰的正确测量。为了避免逃逸峰的产生，Cu 靶 X 射线管的工作电压应最高以不超过 40kV 为宜。设定管电压、管电流值一般都是固定值，是根据 X 射线管的功率大小和衍射仪功率设计要求而定。我们通常使用的是功率为 2kV 的 PHILIPS Cu 靶密封式 X 射线管，使用管电压为 40kV，管电流为 34～36mA。其他一些参数，比如计数管电压、波高分析器、计数率仪的参数都是在仪器整机调整时已经都调试设置好的。一般情况下，不要随意改动。

3. 样品的制备

X 射线衍射仪要求的是平板试样，可以是粉末或块状。粉末试样要求颗粒要细，且无择优取相（排列是混乱的），粒度应小于 350 目，既用手指碾摸时没有颗粒感觉。样品架是特制的铝片，上方开有一个 15×20mm 的方孔。将样品架平放在玻璃板上，然后用药勺将粉末倒进方孔内填满填平，再铺上一张干净薄纸，用手指将粉末压紧压实。有时粉末难以压紧，可以在粉末内加点松香或胶水，拌匀后再压即可。然后将试样轻轻拿起，插在样品台上。此时，样品架方孔的位置与 X 射线在同一水平线上。如果是块状试样，则要求被测试的一面一定要平整光滑，大小只要能放进方孔内即可，再用胶带纸或橡皮泥粘住，试样的表面与样品架平面一定要平，否则会影响衍射角的精度。任何一种粉末衍射技术都要求样品是十分细小的粉末颗粒，使试样在受光照的体积中有足够多数目的晶粒。因为只有这样，才能满足获得正确的粉末衍射图谱数据的条件：即试样受光照体积中晶粒的取向是完全随机的。这样才能保证用衍射仪法获得的衍射强度值有很好的重现性。

4. 上机测试

上机测试的依次顺序是：开总电源→开冷却水→开衍射仪电源（预热 5 分钟）→开衍射仪高压起始电源此时管电压 10kV、管电流 2mA 是固定值→预热 10 分钟（其间可以制备试样并装样）→调升管电压至 40kV、管电流 34 mA→ 计算机键盘操作设定样品名、扫描速度、扫描范围→执行。此时，衍射仪的 X 射线管窗口自动打开（红灯亮），测试扫描开始。衍射图谱逐步逐点地显示在计算机屏幕上，然后存盘，扫描结束。

5. 衍射图谱数据处理

扫描结束后，衍射图谱文件已存在指定的文件夹中。此时可调用“X射线衍射数据分析处理”软件，对所测得的衍射数据进行平滑、去背底、寻峰、定峰位，最后打印成图，并列表标明每条衍射线的线号、2θ 值、晶面间距 d 值和相对强度 I/I_0，以备物相鉴定使用。

6. 图谱分析及物相判定

(1) 物相分析的依据及鉴定

晶体的X射线衍射图谱是对晶体微观结构精细的形象变换，每种晶体结构与其X射线衍射图之间有着一一对应的关系，任何一种晶态物质都有自己独特的X射线衍射图，而且不会因为与其他物质混合在一起而发生变化，这就是X射线衍射法进行物相分析的依据。

由Bragg方程 $2d\ \sin\theta = n\lambda$ 知道，晶体的每一衍射都必然和一组间距为 d 的晶面组相联系的。另一方面，某晶体的每一衍射的强度I又与结构因子F模量的平方成正比.我们知道，每种晶体结构中可能出现的 d 值是由晶胞参数 a_0、b_0、c_0、α、β、γ 所决定的，它们决定了衍射的方向。$|F|^2$ 也是由晶体结构决定的，它是晶胞内原子的性质和原子坐标的函数，它决定了衍射的强度。d 和 $|F|^2$ 都是晶体结构所决定的，因此，就像人的指纹一样，每种物质都有其特有的衍射图谱。不同的衍射谱代表着不同的物相，若多种物相混合成一个试样，则其衍射谱就是其中各个物相衍射谱叠加而成的复合衍射图谱。我们可以从衍射谱中已知的 2θ，通过Brag方程 $2d\ \sin\theta=n\lambda$ 可算得晶面间距 d 值和测量得到衍射强度 I 值。这样只要辨认出样品的粉末衍射图谱分别和哪些已知的标准晶体粉末衍射数据(卡片)相对应，就能完成对物相的鉴定。

而作为物相分析的标准晶体粉末衍射数据文件JCPDS(Joint Committee on Powder Diffraction Standards)卡片，是科学家多年积累的成果。这些卡片是科学家用X射线衍射法准确测定了晶体结构已知物相的 d 值和 $(I/I_0)\times 100$ 强度，并加入其他相关资料，集成了该物相的标准衍射数据的文件。既多晶衍射数据库《粉末衍射卡片集》(PDF)，又称JCPDS卡片。这样，物相分析就变成了简单的寻找卡片和对照卡片的工作了。

(2) 物相定性分析的方法

这个工作看似简单，实际上要从几万张PDF卡片中找到相应的卡片，也绝非易事。物相的X射线衍射谱中，各衍射线条的 2θ 角度位置及衍射强度会随所用 $K\alpha$ 辐射波长不同而变，直接使用衍射图谱对比分析并不方便。故而总是将衍射线的 2θ 角按Bragg方程 $2d\sin\theta=\lambda$ 转换成 d 值，而 d 值与相应晶面指数 hkl 则巧妙地用已知晶体结构的标准数据文件卡片关联起来。强度 I 也不需用强度公式直接计算，而是转换成百分强度，即衍射谱线中最强线的强度 $I_0=100$，其他线条强度则为 $(I/I_0)\times 100$，这样，d 值及 $(I/I_0)\times 100$ 便成为定性相分析中常用的两个主要参数。下面介绍物相分析的基本方法：

物相分析的基本方法就是将被测试样的衍射线通过索引与标准卡片进行 d 值、I/I_0 对照。具体方法和步骤是：

① 列表：按顺序将衍射线条的 2θ 值、d 值、I/I_0 列表，并按强度大小标出八强线。

② 检索：在索引上找到最强线 d 值的范围，再将第二强线找到，与第一强线对应，若符合(也包括强度)，则对照第三强线、四、五……线，索引上的八条线与衍射线都能一一对上，数组后的化学分子式基本上可以确定是所找的物相。但是，在多相的检索过程中，将测试样的三强线连贯起来找索引中的对应数组，往往很难找到与之相符的。这说明第二强线可能

是另一相的最强线。此时，把第三强线作为第二强线再依次连贯起来查找，总能找到与之相符的一组数据，再找出 JCPDS 卡片，与测试样衍射线的 d 值、I/I_0 一一对照，删除能对应上的线条，将剩余的线条重新排列。重选一强线，并作归一化处理。再重复以上方法，直至所有衍射线条都对应上。

当然，在检索过程中，往往会碰到一些问题，如重叠峰、弱小峰线、对不到的峰线等等。这就要从测试样的来源、性质及测试条件等诸多方面来考虑。这里要说明一点，在实验测试中，测试样与标准卡片的 d 值、I/I_0 存在一定的误差是正常的。因为两方面做的试样来源、实验条件、测试方法不同，有的卡片的 d 值是通过计算出来的，强度是估算的，所以肯定有误差。因此，可根据一个原则：在检索过程中，最根本、最可靠的依据是一系列晶面间距（d 值）的对应，因为 d 是晶体结构的基本量。而 I/I_0 作为次要指标（但也不能差距太大）。

当然使用计算机进行 PDF 卡检索，自动解释样品的粉末衍射数据，使得物相鉴定更为方便、快速。但是用计算机解释衍射图时，对 $d \sim I$ 数据质量的要求更为严格，而且计算机的应用并不意味着可以降低对分析者工作水平的要求，它只能帮助人们节省查对 PDF 卡的时间，给人们提供一些可供考虑的答案，正式的结论必须由分析者根据各种数据资料加以核定才能得出。

从以上的介绍可见，多晶 X 射线衍射物相鉴定方法原理简单，容易掌握，而且它是一种非破坏性分析，不消耗样品。多晶 X 射线衍射法是对晶态物相进行分析鉴定的“特效”手段，尤其是对同质多相、多型、固溶体的有序—无序转变等的鉴别，现在还没有可以替代它的其他方法。不过，用此法进行物相鉴定有时也要通过较为复杂的程序和步骤，并不是靠“一张图、一张卡片”便能够得到答案的，鉴定时必须综合比较样品经不同物理化学处理或不同分离手续之后衍射图的变化，并参考其他实验方法的结果（如化学成分鉴定、热分析、电子显微镜等等）才能得出较为正确、详尽的鉴定结论。

（3）分析结果

最后把测试数据和标准卡片数据一一对应地草抄写下来。格式如下：

线号	测试数据		标准数据 分子式　卡片号		标准数据 分子式　卡片号		标准数据 分子式　卡片号	
d 值	I/I_0	d 值	I/I_0	d 值	I/I_0	d 值	I/I_0	

四、实验报告要求

简述物相分析的基本方法及过程。

将检索结果整理清楚，抄写到专用的检测报告纸上。

书写要清楚、工整，并按要求的格式填写。结论要准确、完整。

附：本次实验测试衍射图谱一张。（在实验课时给学生）

五、思考题

1. 为什么在制作物相分析的样品时，试样表面一定要平整。

2. 物相分析的基本依据是什么，在检索过程中最基本的数据是什么，为什么？

实验 2　物相定量分析

一、实验目的

1. 了解定量分析的基本原理。
2. 掌握用基本冲洗法(K 值法)进行定量分析的测试方法及计算。

二、基本原理

X 射线定量相分析的理论基础是物质参与衍射的体积或重量与其所产生的衍射强度成正比。因而可通过 X 射线衍射准确测定混合物中各相衍射强度大小,从而求出多相物质中各相含量。定量分析有外标法、内标法等诸多方法,在此着重介绍基体冲洗法(K 值法)的原理及测试方法。

多相物质中的各相,对 X 射线吸收各异,混合物中不同相结构的物质,其参与衍射的体积与其衍射强度成正比关系。设多相物质含有 N 个相,第 j 相参加衍射的体积为 v_j,当使用衍射仪测量时,第 j 相某一(hkl)线的衍射强度:

$$I=CK_j\frac{v_j}{\mu} \tag{6-1}$$

$$C=\frac{1}{32\pi R}I_0\frac{e^4}{m^2c^4}\lambda^3\cdot\frac{1}{2} \tag{6-2}$$

$$K=\frac{1}{V_0^2}F_{hkl}^2P_{hkl}\frac{1+K_{\cos^2 2\theta}}{\sin^2\theta\cos\theta}e^{-2M} \tag{6-3}$$

μ 为线吸收系数。

在单位衍射体积 $V=1$ 的情况下,体积分数:

$$V_j=\frac{v_j}{V}$$

因为

$$I_j=CK_j\frac{V_j}{\mu} \tag{6-4}$$

多相物质线吸收系数 μ 与质量吸收系数 $\sqrt{\mu_m}$的关系为

$$\mu=\rho_{\mu m}\sum_{j=1}^{N}W_j\mu_{mj} \tag{6-5}$$

式中重量分数:

$$W_j=\frac{w_j}{W}=\frac{v_j\rho_j}{W\rho}=V_j\frac{\rho_j}{\rho}$$

所以

$$V_j=\frac{W_j\rho}{\rho_j} \tag{6-6}$$

式中:ρ_j 是第 j 相的密度,ρ 是多相混合试样的密度。W_j 为 j 相所占重量。将(6-5)和(6-6)式代入(6-4)式得强度公式:当待测相含量用体积分数表示时,

$$I_j = CK_j \frac{V_j}{\rho \sum_{j=1}^{N} W_j \mu_{mj}} \tag{6-7}$$

当待测相含量用重量分数 W_j 表示时，

$$I_j = CK_j \frac{W_j}{\rho \sum_{j=1}^{N} W_j \mu_{mj}} \tag{6-8}$$

式(6-7)和(6-8)是多相试样中任一相含量与该相某一衍射线(hkl)的强度关系的基本公式。

三、基体冲洗法(K值法)的原理及测试方法

基本冲洗法，也称作K值法，是内标法的一种。但在概念上与传统的内标法有根本的区别。1974年F. H. 钟(Chung)对内标法作了改进，在推导过程中把强度公式中各吸收系数用其他量取代，好像把吸收效应从基体中冲洗出去，故称为基体冲洗法。另外其推导的K值与内标物质加入量的多少无关，且测算容易，故也常被人被之为K值法。此法应用方便，无需作定标曲线，故被广泛应用。所谓K值，既为参比强度(或称为参比常数)。其方法的实质就是在测试样品中加入已知量的参比物质，从而消除了基体效应(试样的吸收系数)对被测试样衍射的影响，建立了被测试样重量分数和衍射强度的线性方程，通过数学计算就可得出结果

1. 基本原理

设原待测多相试样中j相含量为W_j，在加有内标物质s的混合试样中，其含量变为W_j'欲求W_j则需先求出混合样中的W_j'，根据式6-8，有

$$I_j = CK_j \frac{W'_j}{\rho_j \sum_{j=1}^{N+1} W_j \mu_{mj}} \qquad I_s = CK_s \frac{W_s}{\rho_s \sum_{j=1}^{N+1} W_j \mu_{mj}}$$

两式相比，有

$$I_j/I_s = \frac{K_j \rho_s W'_j}{K_s \rho_j W_s}$$

令

$$K_s^j = \frac{K_j \rho_s}{K_s \rho_j} \tag{6-9}$$

则有

$$\frac{I_j}{I_s} = K_s^j \frac{W'_j}{W_s} = K \frac{W'_j}{W_s} \tag{6-10}$$

此式是基体冲洗法的重要工作方程。从式(6-9)及(6-10)看出，K_s^j也即K是与ρ_s、ρ_j和K_j、K_s有关的系数，若j相和内标物质S相已确定，则ρ_s、ρ_j也一定，根据式(6-3)，K_j、K_s仅与所用X射线波长λ也即2θ角有关，当这几个参数都一定时，K_s^j也是一个常数，它与所加入的内标物质多少无关。它冲洗掉了基体的吸收效应。

2. K值法的测试方法及计算

(1) 求K值

求K值方法有两种：

方法一：实测K值。获取100%的j相纯物质，与参比物质s（参比物质一般都选择

αAl_2O_3,(刚玉)因其稳定性好)按1∶1的重量百分比配样,制成测K值试样。充分碾磨、混匀,且粉末试样不能损失。上机测量,在衍射图中分别求得j相和s相的最强衍射峰的积分强度(CPS总量)I_j和I_s,由6-10式,则有:

$$K_s^j=I_jW_s/_sIW_j \qquad \text{因为} \quad W_s:W_j=1 \qquad \text{所以} \quad I_j/I_s=K_s^j$$

方法二:用索引K值。在索引中的每一组数组后有一列I/I_c,就是该物质与刚玉的参比强度值K值。在无法获取j相纯相时,就用索引K值来计算。

(2) 测试方法及计算

将已知量的参比物质(刚玉)加入测试样中(一般加入量为测试样的20%左右),碾磨混匀后,制样上机测试,得到在混合样的衍射图谱,从中得到j相和参比物质s相的最大衍射峰,即$I=100$的2θ位置。再调整扫描方式或降低扫描速度,单独扫描j相和参比物质s相的最大衍射峰,通常情况下,扫描范围以峰位2θ为中心,左右各扩展$5°-3°(2\theta)$。这样将j相和参比物质s相的最大衍射峰的整个峰形如实地扫描下来,再重新进行标准数据处理,包括平滑、去背底、$K\alpha2$剥离,最后计算整个峰形的积分强度,记作I_j和I_s。这些数据标准处理在现代衍射仪中都可以通过应用软件做到的。

然后将已算得的K_j值和积分强度值I_j和I_s代入K值法基本方程式(6-10),既可求出W_j(混合样中j相的重量百分数)。

那么,j相在原始样中的重量百分数为:$W_j=W_j/(1-W_s)$。以此方法也可求出被测试样中其他相的含量。

另外,如果测试样中只有两相时,就不必加参比物质了。此时:

$$I_1/I_2=K_1/K_2\times W_1/W_2$$

因为

$$W_1+W_2=1$$

所以

$$W_1=1/(1+K_1/K_2\times I_2/I_1)$$

$$W_2=1/(1+K_2/K_1\times I_1/I_2)$$

(3)在测试过程中几个应注意的问题

a. 配样要准确,混样要充分碾磨、混匀,且粉末试样不能损失。

b. 最好在同一时间上机测试,实验条件要相同,扫描速度一定要慢,以获得较大的峰型积分强度值。

c. 取最强衍射峰的位置范围大小要一致,峰形的数据处理参数要相同。

d. 为保证测试数据的准确性,要重复测试(重新装样测试)至少5次以上。然后再取平均值。

四、实验说明

本次定量分析实验用已按重量比例称好的ZnO、TiO_2、$CaCO_3$三种样品作为混合样测试,已加入24.3%的αAl_2O_3,充分研磨后制得的实验分析用样。学生实验测试后,将测试数据填写在下面的数据表中,最后再进行计算。

五、实验报告要求

1. 简述定量分析实验方法及过程。
2. 分别计算出ZnO、TiO_2、$CaCO_3$在混合样中的重量百分比。

3. 计算结果要求准确、完整，书写清楚、认真。

附：本次实验测试的数据表

物　相	各物相与 αAl_2O_3 1∶1 配样后衍射强度比（$I_a/I_s=K_a$）	混合样中各相衍射强度（I_0）	混合样中各相的含量 W（%）	原始测试样中各相含量 W%
ZnO				
TiO_2				
$CaCO_3$				
Al_2O_3				

注：加入测试样中的参比物质为 24.3%

五、思考题：

1. 为什么定量分析的试样在混合时试样不能损失，且形状、大小要一致。
2. 比较 K 值法和传统的内标法有什么不同，阐述它们的优缺点。

本章参考文献

[1] 范雄. 金属 X 射线学. 北京：机械工业出版社，1989
[2] 杨南如. 无机非金属材料测试方法. 武汉：武汉工业大学出版社，1990

第七章　材料的热学性能

实验1　无机材料导热系数测定

一、实验目的

导热系数是材料的一项重要特性，在热工设计应用中必须加以考虑。本试验目的是利用 *PBD-02P* 型微机控制水流量平板法导热系数测量仪测定陶瓷、玻璃、耐火材料等的导热系数。了解仪器的基本工作原理，掌握其使用方法。

二、实验原理

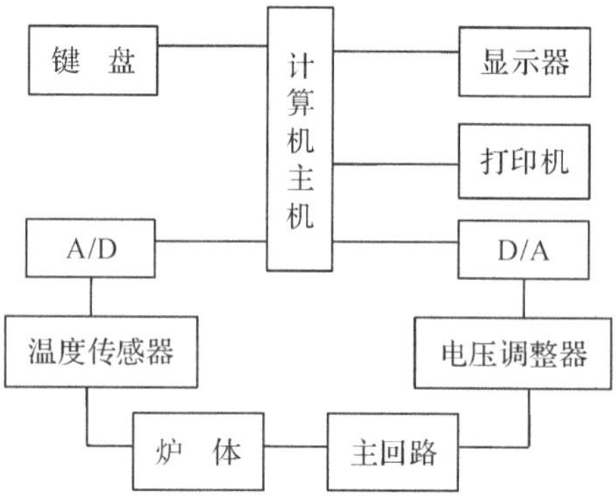

图 7-1　实验仪器的框图

本仪器主要由加热炉、微机测控系统、恒压水装置三大部分组成。

根据傅里叶一维平板稳定导热过程的基本原理，测定稳态时一维热流通过试样热面至冷面后，被量热器中的水带走的热量。该热量 Q 与试样热导率 λ 成正比，与试样热面温度 t_1、冷面温度 t_2 之差 Δt 成反比。该热流量 Q 由量热器中的水流质量及其温升求得，t_1 和 t_2 由置于试样热、冷面中心的热电偶测得，即可按下式计算试样的导热率 λ：

$$\lambda = K\frac{\Delta mv\Delta\omega\Delta\delta}{t_1 - t_2} \qquad (瓦/[米 \cdot 开尔文度])$$

式中：K——仪器常数；0.080

Δmv—中心量热器水温升高的毫伏值（毫伏）

ω—中心量热器的水流质量（克/分）

δ—试样厚度(毫米,三个点的平均值)

实验时,测出试样厚度及水流质量,输入计算机,加上自动采集输入的$\triangle t$,自动运算得到λ,打印实验曲线和报告。

三、实验步骤

(一)制样

1. 将直径大于180mm的试样切割成直径为180±5mm,厚度为10~25mm的圆形平板样块;如果是标准砖,则可取砖的最大面积部分作为试样的中间部分,再用同一块砖切取二个弓形拼在两边,形成Φ180mm的圆板试样。

2. 制备一个Φ180mm厚3~4mm同材质的圆形整块垫板,如无同材质的垫板,可用高铝轻质垫板代替。

3. 将试样和垫板置于干燥箱内,在110~120℃下干燥3小时。

4. 测厚:用游标卡每隔120°测取试样三次厚度(精确到0.1mm),对纤维制品,则要用测厚仪测量。

(二)装样

1. 在量热器上放置一块Φ200mm的玻璃纤维布,然后放垫板,要使量热器、玻璃纤维布及垫板的圆心在同一轴线上;

2. 将测量冷面温度的热电偶端放置在垫板上表面的中心处:

3. 将试样放在垫板上,中心要对准,垫板和试样之间要尽量呈最小空隙;

4. 将试样四周的空隙处用高铝纤维毡填满填实;

5. 在试样热表面的中心处放置测量热面温度的热电偶热端,要保证其端点紧贴试样表面(如是纤维毡试样,可用u型铂丝固定在试样中心处,但注意u型铂丝不要将热电偶短路);

6. 将均热板与试样之间的空隙留出约10cm,均热板与试样要保持平行(可用三个一样大的小砖块垫),试样的四周与炉壁之间要用高铝纤维毡填满填实,均热板上部四周与下炉体的上表面部分用高铝纤维毡盖严,均热板边缘与高铝纤维毡互相搭接约10mm;

7. 盖上炉上体,使炉上体与炉下体之间无缝隙。

(三)开机

1. 打开水箱进水阀,使恒压水箱注满水(溢流管应有水溢出):

2. 将中心量热器的出水流量调至30~180毫升/分钟(视试样情况而定,热导率大的水流量也要大),第二保护量热器的水流量调至60~80升/小时;

3. 打开计算机电源,接通主回路电源,按绿色按钮启动主回路;

4. 在windows98桌面,双击PBD-02P图标,进入"微机控制平板导热仪"封面,再按本文"四、微机操作方法"的说明进行操作。

(四)接水

1. 接水前的准备

当屏幕上出现保温计时窗口后,应按屏幕提示调节水流量:(1)调节第一保护量热器的转子流量计使"温差调零"趋于零:(2)根据试样热导率范围,调节中心量热器出水口的流量,使之在合理范围之内:当保温计时达到50分钟时,屏幕自动切换到接水画面。在实验过程中若想接水，可点击菜单选择“接水窗体”即可进入接水画面，进行接水操作。

2. 接水操作

每个试验点需接水三次，每次接水一分钟。当温差为零且冷热面温度均稳定之后方可接水，即使如此，在每次接水之前仍需调第一保护量热器转子流量计以确保温差为零，这样才能保证测量的准确性。

（五）停机

1. 正常关机

当实验正常结束停机时，请执行以下操作：

（1）按红色按钮切断主回路电源，停止加热；

（2）关闭计算机电源；

（3）关闭总电源；

（4）揭开上炉体，将一块约 50mm 厚的耐火砖垫在上、下炉体之间，使炉子冷却降温；

（5）关闭水箱上水阀门（为了保护量热器，在关水之前应保证水箱已蓄满水，即溢流管有水溢出）；

（6）待均热板温度冷却到 100℃以下时，取出试样及填料等，将量热器表面轻轻擦干净，注意不要频繁擦拭装有热电堆的部位。

2. 紧急关机

当实验出现异常情况或需中途停机时，可执行本功能。点击“关机”，按要求关机。

警告：开机与关机步骤务请按上述顺序操作，应特别注意当主回路正在工作时，切勿关闭计算机电源，否则可能损坏主回路元件。

四、微机操作方法

1. 开机后，在 windows95/98 的桌面上，将鼠标移至“PBD-02P”图标上，双击左键，进入 PBD-02P 软件封面；

2. 将鼠标移至“欢迎使用”，单击左键，程序要求输入用户名和密码“ZJDX”，按“确认”键，即可进入 PBD-02P 程序主控画面；

3. 点击主菜单“参数设置”，再点击“基本参数”，弹出基本参数输入画面，按要求输入参数。若要修改设备系数（即仪器常数 K），可用鼠标双击“设备参数”，即可按要求修改设备系数，点击“确认”后，修改生效；

4. 点击主菜单“参数设置”，再点击“升温曲线”，弹出升温曲线设置画面，输入完毕，单击“确认”键，基本参数输入完成。

注意：(1)测温方式设定应先选择实验测试的是热面温度还是平均温度；

(2)系统默认的升温速率和保温时间若与要求有差异时，可重新设置。

5. 点击主菜单“试验运行”，再点击“自动”，弹出文件保存对话框，输入实验名称后，击“保存”键，系统即开始自动运行。

注意：自动运行之前，要确认：试样已装好：水箱注满水。设备在自动运行期间，一般无需人工干预，但要注意设备水路流畅，中心量热器水流量在 30～180 毫升/分，第二保护量热器的水流量在 60～80 升/小时。

6. 接水

当实验保温50分钟时,自动弹出接水窗体,准备好烧杯和秒表,接水60秒,并将测得的接水重量输入计算机,按回车键,再输入第二次接水量(g/min),按回车键,输入第三次接水量(g/min),按回车键后,自动计算出实验结果。即可察看和打印实验报告。在测量多点时,按"下一测温点",则进入下一测温点;当要增加新的测试温度时,按"继续试验"键,按微机提示按步操作进行;当要结束实验时,按"结束"键,并按微机提示打印或不打印实验报告。

7. 实验参数设置采样:

双击桌面"PBD-12微机控制平板导热仪"软件,点击"欢迎使用",输入密码:zjdx,进入实验视图。在左上角"参数设置"上点击,再点击"基本参数",输入实验基本参数。如文件名称,试样名称,试样牌号(无牌号可不输入),实验人员,试样质量(以克为单位)通过电子天平称出质量。试样厚度,以mm为单位,在圆形试样以120°角均分三份测量厚度,分别输入,第四输入框由计算机自动取平均值。试样直径以mm为单位,在圆形试样中对角线测量两次,分别输入,第三输入框由计算机自动取平均值,点击确定,试样容重随即出现。

试验温度控制采样设置:

在左上角再次点击"参数设置",点击"升温过程",在左上方"测温方式设定"中,低温—高温框中输入实验需要测量的最高温度,如350度。再选择点击"平均"框中,这时实验所测定的是试样的平均导热率。在"升温制度设置"P2V℃/min框中输入10℃/min,T℃框中输入350度,点击 tmin 框中,计算机自动改正时间。此时P3T℃框中也会自动改正,而P3tmin框中50为保温时间,不可改动。(若有特定的需求,视实际试样以及保温过程中,可能出现的特定现象而修改。)之后点击确定,实验的采样设置完成了。

五、实验操作:

先按下绿色按钮,点击"试验运行",再点击"自动"。实验开始了,当平均温度达到设定温度时,保温记时会自动弹出(在视频右下方),当保温计时达到10分钟以后,用手调节中心流量计旋钮,方向顺时针,将"温差调零"数值趋向于零,实验要求在保温计时50分钟内把"温差调零"数值调至0～±0.002之间,超出为实验不合格,数据存在误差。注意:流量计调节时存在滞后反影现象,故需要微调少量,间隙,停顿,观察。再进行下一次调节。50分钟保温以后,接水窗口自动弹出。当"温差调零"满足0～±0.002要求后,开始每次1分钟接水称重。先将烧杯去皮(即烧杯重量),在天平上称出水的质量,输入"水流量 g/min"框中,点击回车,这是热导率会自动由计算机计算完成。总记分三次完成上述操作。测试结果自动生成。之后点击视窗右下角"实验结束",按下红色按钮停止加热。点击"记录查看",找出本次实验图谱,在视窗右上角点击"报告打印"。

六、思考题

1. 影响导热系数的因素是什么?本实验的可能误差有哪些?
2. 试分析导热系数测量过程中影响测量误差的主要因素。
3. 为什么陶瓷的导热系数比玻璃的大?
4. 图谱备注中热处理条件(℃×h)指在什么状态下?

实验2 差热分析

一、实验目的

差热分析是热谱分析方法的一种。它是通过精确测定物质在加热或冷却过程所伴随的热效应来判明相应过程所发生的物理化学变化。差热分析方法广泛用来研究硅酸盐材料中的相变,固相反应,相平衡以及原料的脱水、分解等过程,是一种较有效而简便的实验方法。

本实验目的是:测定草酸钙在升温过程中的差热变化,(1)应用差热分析,测定相变温度和分解温度并估计其变化速率;(2)熟悉自记式差热分析仪的使用和操作方法;(3)了解影响差热分析结果的因素及释谱方法。

二、概述

1. 高温差热分析仪(CRY-2、CRY-2P),可用于测定物质在热反应时的特征温度及吸热或放出的热量,包括物质相变、分解、化合、凝固、脱水、蒸发等物理或化学反应,广泛应用于无机、硅酸盐、陶瓷、矿物金属、航天耐温材料等领域。是无机、有机,特别是高分子聚合物等方面热分析的重要仪器。

仪器采用带有深度负反馈的直流微伏放大器,具有灵敏度高,噪声小,零点漂移小,抗干扰能力强等特点。温度控制采用先进的专用微处理器芯片,先进的人工智能调节算法,具有高的可靠性及抗干扰性能,控制精度高。

数据处理具有实时采集 DTA 和 T 曲线,数据处理、打印、列表、数据存取等功能,软件操作系统采用菜单方式,人机对话,操作简单,数据处理速度快,精度高。

三、高温差热分析仪

温度范围:室温～1400℃

CRY-2P 型差热放大单元、温度控制单元、电炉、数据处理接口单元、计算机、打印机

主要技术规格及仪器使用条件:

(1) 差热放大系统

量程:±10、±25、±50、±100、±250、±500、±1000μV

(2) 温度控制系统

升温速率:0.1～30℃/min

(3) 气氛控制系统

气体:氮气、氧气、空气、氦气、氩气

气体流量:≤100ml/min

(4) 数据处理系统

计算机数据处理系统

数据曲线的采集、存取、屏幕显示及结果打印

峰面积、始温、终温、热焓的计算及玻璃化温度计算等动力学数据处理

（5）仪器正常工作条件

室温：0～25℃　　且波幅小于 1℃/h

相对湿度　不大于 75%

电源：电压交流单相 220±10%、频率 50±1Hz、电源需可靠接地放置仪器的工作台应坚固可靠，应有冷却水，周围不得有影响仪器精度、寿命的震动、强电。强磁场干扰和腐蚀性气体存在。

四、仪器工作原理及结构

差热分析（DTA）是在程序温度控制下，测量物质与参比物之间的温度差随温度变化的一种技术。

差热分析仪主要由温度控制系统和差热信号测量系统组成，辅之以气氛和冷却水通道，测量结果由计算机数据处理系统处理。

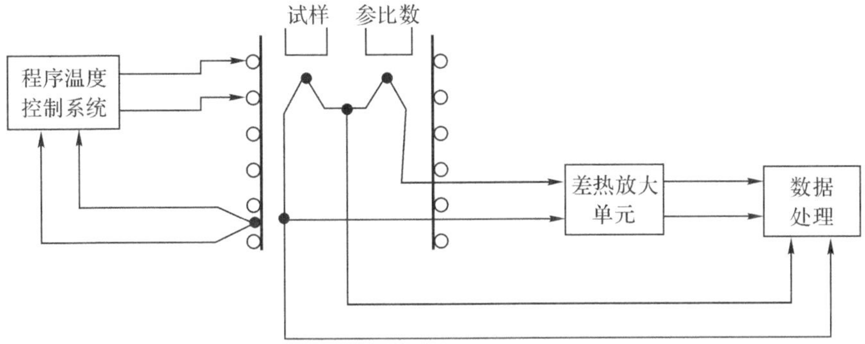

图 7-2　仪器工作原理

1. 温度控制系统

该系统由程序温度单元、控温热电偶及加热炉组成。程序温度控制单元可编程序模拟复杂的温度曲线，给出毫伏信号。当控温热电偶的热电势与该毫伏值有偏差时，说明炉温偏离给定值，由偏差信号调整加热炉功率，使炉温很好地跟踪设定值，产生理想的温度曲线。

2. 差热信号测量系统

该系统由差热传感器、差热放大单元等组成。

差热传感器即样品支架，由一对差接的点状热电偶和四孔氧化铝杆等装配而成，测试时试样与参比物（α-氧化铝）分别放在两只坩埚内，加热炉以一定速率升温，若试样没有热反应，则它与参比物的温差 $\Delta T=0$，差热曲线为一直线，称为基线；若试样在某一温度范围有吸热（或放热）反应，则试验温度将停止（或加快）上升，试样与参比物间产生温差 ΔT，把该温度信号放大，由计算机数据处理系统画出 DTA 峰形曲线，根据出峰的温度和峰面积的大小、形状，可以进行各种分析。

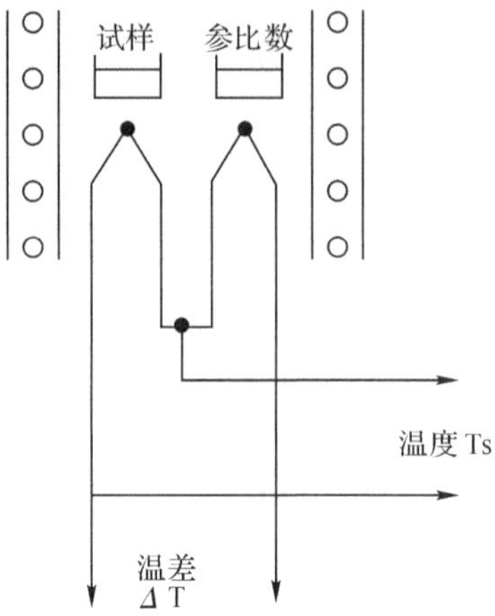

图 7-3 差热分析原理

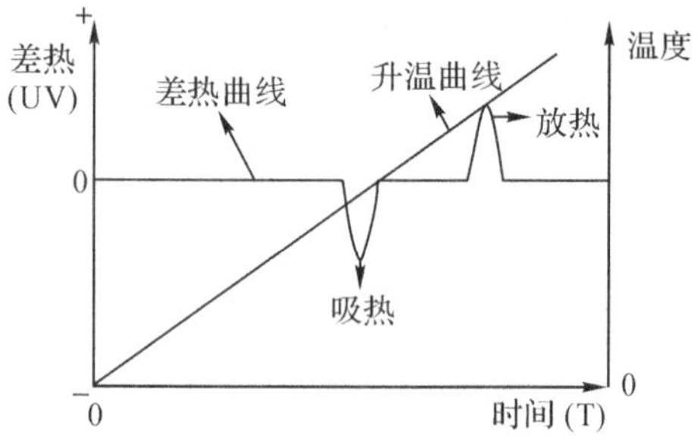

图 7-4 差热曲线

3. 炉体结构

CRY-2P 型号炉子见图 7-5，样品支架位于炉体中央。升温时必须通冷却水，通水接头位于炉子后面。气氛通道由气氛接头、稳压阀、压力表、调节阀、流量计、通气管连接圈等组成。

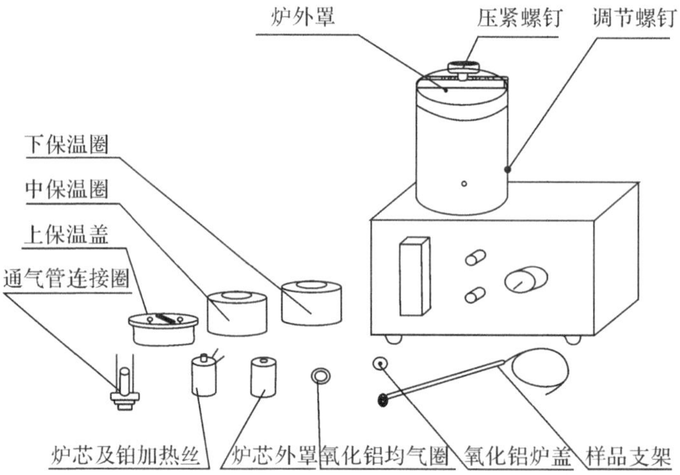

图 7-5 CRY-2P 高温差热分析仪加热炉组件

4. 数据处理系统

该系统由接口放大单元、A/D 转换卡、计算机、打印机及系统软件组成。如图 7-6。

接口单元将 T、DTA 信号变换成与 A/D 转换卡匹配的模拟量，经 A/D 转换成数字量，被计算机采集。采集到的数据曲线，由软件进行各种处理，结果可屏幕显示、打印。

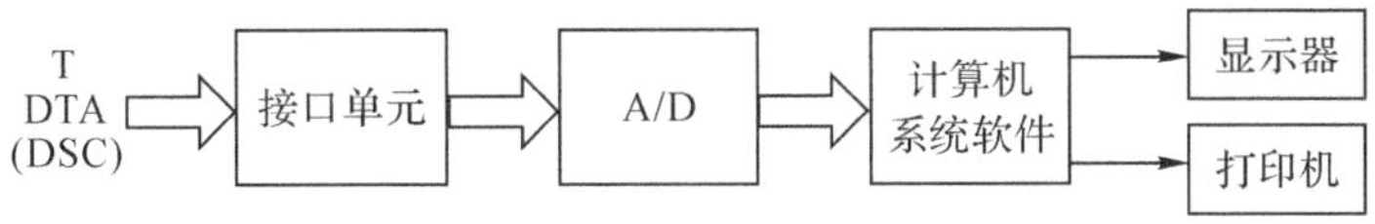

图 7-6 数据处理系统结构

五、仪器操作

仪器正确安装后可投入使用，本章介绍开机前准备工作及各单元面板装置和操作方法。

1. 准备工作

(1) 对 CRY-2P 型的炉子来说，放松炉体上压紧螺钉，转出炉体盖，用钩子取出上保温盖，然后用镊子取出氧化铝炉盖，可看见一对差接的点状热电偶(样品支架)，我们使用的坩埚，外形上看有凹底和平底两种，凹底坩埚可直接插于样品支架上使用，容纳样品量较多。使用平底坩埚，需先将一对铂坩埚架置于样品支架，放好坩埚后将炉子复原。

(2) 开启水源，并使水流畅通。

(3) 打开各单元电源，预热 20 分钟。

计算机电源需后开先关，即在其他部件电源打开后再打开计算机系统的电源，在计算机电源关闭后再关闭其他单元电源，以免电源冲击损坏计算机。打印机电源可在需要时打开。不可在驱动器处于工作状态时取放软磁盘。

2. 微机温控单元

(1) 面板装置及功能

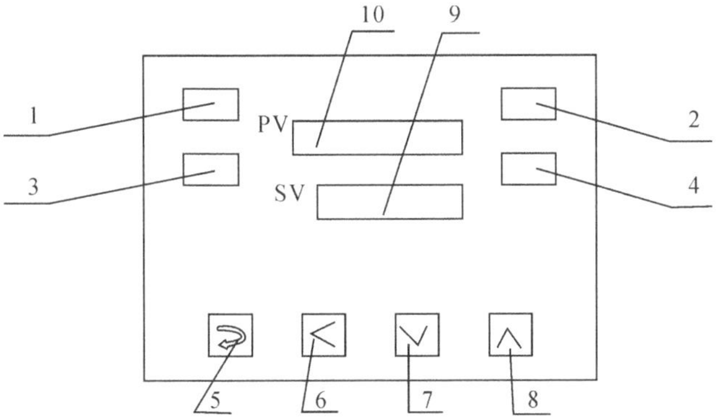

图 7-7 温控单元面板

(2)温度控制曲线采样设置

用鼠标点击桌面“温控程序”，点击通讯端口“COM1”(通讯端口)。注:(热失重仪，膨胀仪的通讯端口为“com2”)。再点击“温控程序”，出现另一视面，在“初始温度”框中输入 0，“终止温度”框中输入 1000，“速率，度/分”框中输入 10，之后点击“确认”。这时左边温度程序表中已出现 01 程序段的整个上升温度情况，即完成了上升温度的设置。为了保护加热炉正常工作以及不被过高的温度损毁炉子，再进行第二程序段的保护设置，点击“初始温度”框中输入 1000，“终止温度”框中输入 0，这是指在第一程序到达 1000℃ 以后不再向 1000℃ 以上的高温升温，而是从1000℃向0℃降温。之后在“时间（分）”框中输入（－121），因为（－121）为通讯通道口令，在软件设计过程中被特定设计的，目的是：在测试过程中人不在时；仪器能够自动保护炉子。再次点击确认，仔细检查温度程序表中，程序段是否正确、有无出错，确保在实验温度过程中能正常运行。检查无误后点击右下角“完成”。这是电脑视窗会弹出提示“温度程序”吗？点击“是”；出现“正在通讯”等提示，当出现通讯成功，点击确定（若出现通讯失败，有可能是“通讯通道”COM1或COM2选择错误，从而导致通讯失败）。再点击数据采集，此时已换视面，在视面框中均无参数，这时点击右下角的“采样”，之后就有当时控温表中所出现的实际参数。请在左侧“起始段”框中输入1（即第一程序段），这时点击最小化，视窗缩小成小视图。图中有“开始”“暂停”“停止”图框在不停地内敛，变换色彩，当出现颜色时用鼠标点击，这时控温表会根据点击状态执行所需的功能，如果鼠标点击时无颜色，将不被执行。在闪烁、变色，无色状态，目的是给操作者警示作用，使操作者在实验中时常关注温控程序所处工作状态，若出现故障应立即停止。当温控程序采样设置好后等待备用。

3. 差热放大单元

（1）面板装置及作用

a. 差热指示表：差热指示表用以显示试样与参比物之间的温度。

b. 斜率调整：差热基线的漂移可以通过“斜率调整”开关来进行部分校正。

c. 量程选择和调零旋钮：量程开关从±10μV到±1000μV分七档转换，另有一挡“⊥”，当开关置于“⊥”时，差热放大器的输入端短路，用调零旋钮调整放大器的零位。

d. 移位：旋动该旋钮可使差热或差动基线平移至合适位置。

e. 差动—差热转换开关；CRY-2P型的差热分析仪只能选择“差热”档，不可改变。

（2）操作

a. 差热基线调整

差热量程置于±100μV，使炉子以10℃/min升温，记录仪正常工作，（计算机处理系统执行采样程序，参见该部分操作说明），观察DTA曲线，由于样品杆上未放样品和参比物，理论上讲基线应始终是一条直线。在升温过程中若基线偏高原来位置，可通过以下两种方法配合使用调整基线：一是在起始升温时基线出现较大偏移，可调节炉子三个中心调节螺钉。使样品支架与炉体相对位置发生变化，将基线拉回原处；二是待炉温升到高温段（CRY-2P约1000℃），通过旋动“斜率调整”开关来调整，当基线校正接近到原来位置时，差热基线调整完毕。以后除非更换或拆卸样品支架和加热炉，否则不必再调整。

b. 样品测试步骤

样品称好后放入坩埚，另一坩埚放入重量相等的参比物α-Al_2O_3，样品置于支架左侧，参比物置于右侧。

选择适当的差热量程。如果是未知样品，可先用较大量程预做一次。

根据测试要求，编制温控程序使炉温按预定要求变化。

＊ 启动计算机处理软件，实时采集（参见该部分说明）

4. 气氛系统

CRY-2型可根据测试需要通入气氛，气体从钢瓶经减压阀至炉体气氛进口接头，调节减压阀输出压力表为2.5kg/cm^2，调节稳压阀使压力表读数为2kg/cm^2，气体流量调至10ml/min～90ml/min内任一点。另取一端装有接头螺母聚乙稀管，连接气氛出口可将实验废气排至室外。

五、CRY-2P 操作说明

（一）开机预热

1. 打开仪器各控制单元电源开关，（差热放大单元，数据接口单元，温控单元）

2. 开启计算机进入 CRY-2P 应用软件主菜单，仪器在此状态预热 30 分钟。

（二）仪器各单元调整

差热放大单元调整：一般量程选择开关放在（±25UV）挡，也可以根据测试样品特性选用其他量程挡。

1. “斜率调整”开关，仪器出厂已经调整好，使用时不要随便调动。

2. “调零”旋钮起调整放大器零位，（量程开关放在“短路”位置）。

3. “移位”旋钮起调整差热基线在采样图像中的位置，一般情况差热基线调在中间位置上。

（三）仪器做实验及准备工作

1. 先松开炉盖上的螺钉，然后将炉体往后转 180 度.用钩子取出保温盖，用镊子取出小瓷盖和瓷圈。把已装好试样的坩埚放入样品杆的小托盘上，注意要小心轻放，别把试样打翻在样品杆内，放好试样坩埚后再用镊子装上。

2. 计算机单击 CRY-2P 软件主菜单上的左上角“采样”，计算机进入采样设置窗口，把仪器选定好的参数，（如：选用直接采样、差热单元量程采样起始温度、升温速率、采样终止温度、试验名称、试样重量等）。最后点“确认”，计算机进入采样等待或采样。

六、计算机数据处理

1. 打开数据库，调出所要进行数据处理的文件名。

2. 计算机处理操作说明请阅读 CRY-2P 说明书应用软件部分。

七、仪器操作注意事项

1. 装取样品坩埚时，注意不要把样品料打翻在样品杆内。

2. 温控仪操作键按错时，不要再按，只要等几分钟，温控仪会自动退回，然后再重新操作。

3. 计算机在使用中要防止感染病毒，以免造成计算机损坏，

八、差热曲线采样设置

双击桌面高温差热分析仪软件，之后点击文件，开始采样。根据实验信息输入操作者，样品名，样品重（mg），若进行气体保护的请输入保护名称，气体流量（ml/min），如果没有气体可不用设置，开始温度设置需和温控采样设置一致。结束温度设置也与温控采样设置一致，恒温时间是指温度升到某一特定温度下保温的时间。如不需要就可以不设置。仪器参数中“差热量程”是指被采样的信息通过放大单元，进行放大或者缩小，参数越小放大越大‘参数越大放大越小，目的是确保峰值在图谱中恰当体现，即峰值不出格，也不能太小。“升温速率”和温控采样设置一致，一般为每分钟 10℃。差热采样设置完成后，请仔细检查有无

出错,在确认后点击“采样”。这时 DTA 视平出现,将其缩成中形视图。温度控制采样设置小视窗,随即显示在同一页面。之后先启动电炉,(即按下绿色按钮),鼠标点击“开始”这时实验已经全面开始了。注意:在按下绿色按钮之前绝对不能点击“开始”,因会由冲击电压,电流过载烧坏电炉。停机时恰好相反,先点击“停止”再按下红色按钮。升温停止后,通过差热采样视图中的停止采样,点击“完成”后,寻找 E 盘,DTA 数据,本科实验及命名存入,之后全部退出。重新寻找 E 盘,DTA 数据,本科实验及命名文件,打开进行数据处理及计算。

九、思考题

1. 根据所给试样,对测量的差热曲线进行释谱和讨论。
2. 在本实验中,升温速度对实验结果有什么影响?
3. 除了加热速度外,尚有哪些因素影响本实验结果?
4. 详解本次实验结果及现象。

实验3 热重分析

一、实验目的

热重分析(Thermogravimetric Analysis, TGA)测量的是材料在一定环境条件下,其重量随温度或时间的变化,目的是研究材料的热稳定性和组分。微量热天平是具有微机数据处理系统的热重分析仪器,用以测定物质的脱水、分解、蒸发、升华等在某一特定温度下所发生的质量(或重量)变化,例如测定金属有机物的降解、煤的组分、聚合物的热稳定性、催化剂的筛选、炸药的性能、有机反应动力学的研究等。

本实验目的是:(1)应用热重分析,测定草酸钙在升温过程中的热失重过程;(2)熟悉微量热天平的工作原理与使用和操作方法。(3)了解影响热重分析结果的因素。

二、概述

1. 微量热天平 WRT-2P,高温微量热天平 WRT-3P 是具有微机数据处理系统的热重分析仪器。在温度程序控制(等速升温、降温、恒温和循环)下,测量物质的质量(或重量)随温度变化的一种热分析仪器。

由于微量热天平比常量的试样量少,样品中温度梯度很小,测定试样内部不一致产生二次效应;失重曲线明显,分辨率高;适宜于重量大而失重小的实验。

2. 各型号仪器的构成

微量热天平

温度范围:室温~1000℃

组成:WRT-2P 型天平控制单元、微分控制单元、温度控制单元、气氛控制单元、热天平主机、数据处理借口单元、计算机、打印机

高温微量热天平

温度范围:室温~1300℃

组成:WRT-3P 型天平控制单元、微分控制单元、温度控制单元、气氛控制单元、热天平主机、数据处理借口单元、计算机、打印机

3. 主要技术规格及仪器使用条件

(1)测重系统

最大负载:2g

最高灵敏度:1μg

最小分度值:10μg

量程:0.1、0.2、0.5、1、2、5、10、20、50、100、200、500、1000mg

电减码范围:0~999.99mg

机械简码范围:1g

(2)微分系统

量程:0.1、0.2、0.5、1、2、5、10mg/min

(3)温度控制系统

升温速率:0.1～40℃/min

(4)气氛控制系统

气体:氮气、空气

气体流量:0～100ml/min

(5)数据处理系统

计算机数据处理系统

数据曲线的采集、存取、屏幕显示及结果打印

失重起始温度、失重结束温度、失重最大点温度的计算及失重百分比计算等

动力学数据处理

(6)仪器正常工作条件

室温:0～25℃,且波幅小于1℃/h

相对湿度:不大于75%

电源:电压交流单相220±10%、频率50±1Hz、电源需可靠接地

放置仪器的工作台应坚固可靠,周围不得有影响仪器精度、寿命的振动、强电、强磁场干扰和腐蚀性气体存在。

具有压缩气源:空气、氮气及其他气体

三、仪器工作原理及结构

微量热天平主要有天平测量系统、微分系统和温度控制系统组成,辅之以气氛和冷却风扇,测量结果计算机数据处理系统处理,见图7-8。

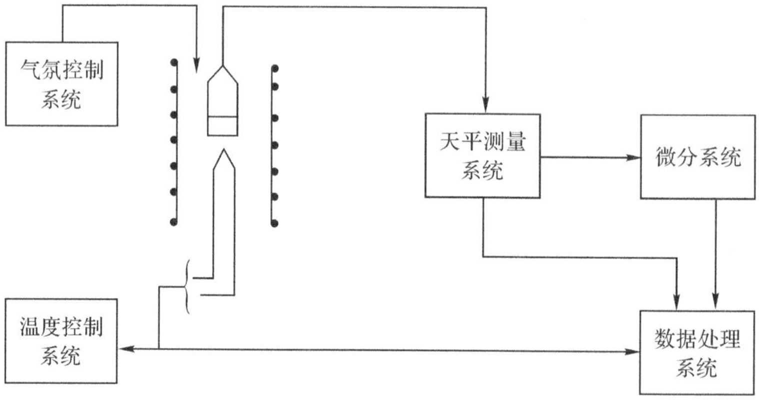

图7-8　仪器工作原理

1. 天平测量系统

当物质被加热时,随着温度的增高,物质内部在某一特定温度下产生的物理变化和化学性能的变化(如分解、氧化等)时,常常伴随这物质重量的变化。热重分析仪的原理就是将被加热试样的质量(或重量)转化、转变成电流,即电流大小代表质量的大小。

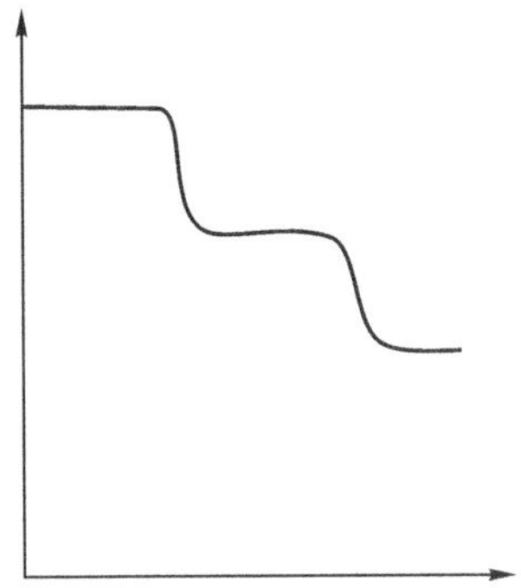

图 7-9 热重曲线

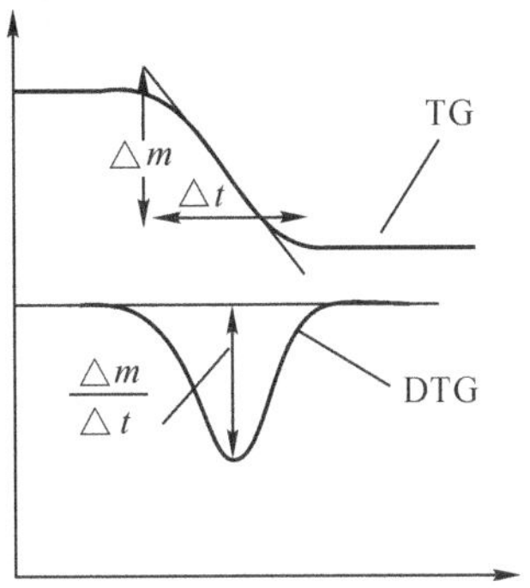

图 7-10 TG 和 DTG 曲线

当天平左边秤盘加入试样质量时，天平横梁连同线圈和遮光小旗发生逆时针转动，这是，通过光电转换等输出电流，电流在磁场下受力而产生一个顺时针的转动，只有当试样质量产生的力矩和线圈产生的力矩相等时，才达到平衡。此时，试样质量正比于电流、电压、经放大后，通过借口单元送入计算机处理。试样质量 m 在升温过程中不断变化，就得到热重曲线 TG。如图 7-9。

2. 微分系统

微分系统的作用是对热重曲线 TG 进行一次微分计算，得到热重微分曲线 DTG。微分曲线的峰顶点就是试样质量变化速率的最大值。如图 7-10，该点所对应的温度，就是试样失重速率最快点的温度。

3. 温度控制系统

该系统由程序温度控制单元、控温热电偶及加热炉组成。程序温度控制单元可编程序模拟复杂的温度曲线，给出毫伏信号。当控温热电偶的热电势与该毫伏值有偏差时，说明炉温偏离定值，由偏差信号调整加热炉功率，使炉温很好地跟踪设定值，产生理想的温度曲线。

4. 气氛系统

气氛系统由气体净化器、稳压阀、压力表、气体调节阀、流量计等气动元件组成。气氛系统在使用中可用于控制电路气体的流量、两种气体的切换和两种不同流量气体的混合使用。输入气体由底板下面的气体接头种输入，见图 7-11。经过天平室，通过气导管进入炉子外玻璃套管，在玻璃管下面的接头内流出。由于气体在炉外玻璃套管种流向是由上而下，其流量大于炉子加热后向上的热流量，所以能起到保护样品的作用，又防止了炉子升温后热量进入天平室，影响天平的精度

5. 炉子及炉子调节结构

炉子采用管状电阻炉结构，由薄壁螺纹氧化铝管、铂金炉、铂金外罩和四孔氧化铝炉杆等零件组成，热电偶设置在炉子恒温区的中心。在炉杆的中下部设有热反射板，以减少热量向下传递和辐射。

炉子固定在炉外玻璃管的中间，炉底座与玻璃管之间用密封圈连接，在外壳底座上由三只中心调节螺钉，炉底座的下面是高度调节圈，安装时，当炉子套进玻璃管后，用高度调节螺圈向上调节，使炉底座与玻璃之间紧密连接，保持良好的密封性能，调节中心调节螺钉，使炉

子能位于玻璃管的中心。样品盘位于炉子的中心。如图 7-12。

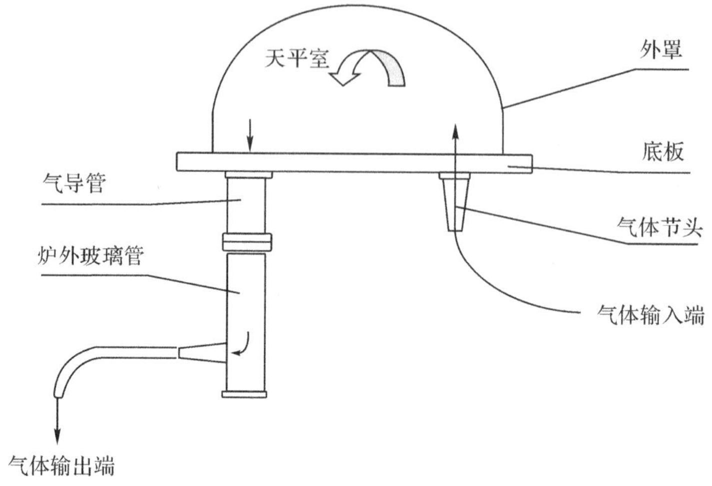

图 7-11　气流流向

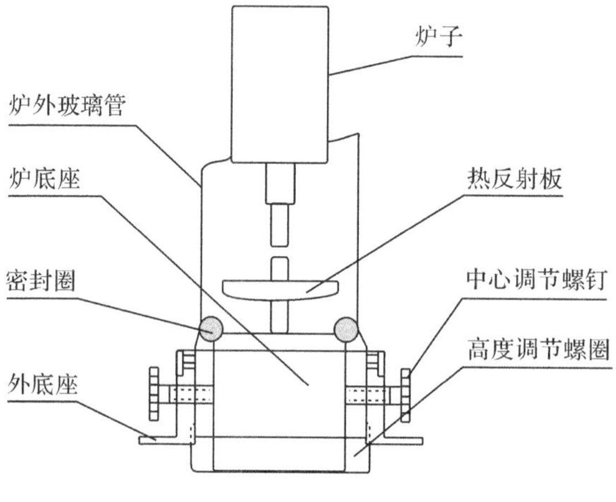

图 7-12　炉子调节结构

6. 数据处理系统

该系统由接口放大单元、A/D 转换卡、计算机、打印机及系统软件组成。如图 7-13。

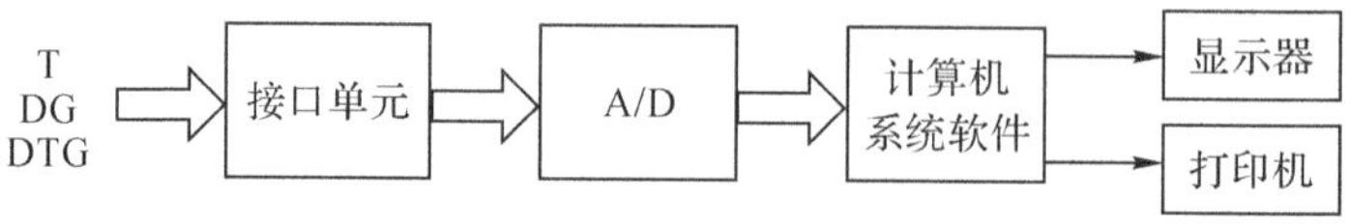

图 7-13　数据处理系统结构

接口单元将 T、TG、DTG 信号变换成与 A/D 转换卡匹配的模拟量，经 A/D 转换成数字量，被计算机采集。采集到数据曲线，由软件进行各种处理，结果可屏幕显示、打印。

四、仪器的安装

1. 准备工作

(1) 拆除包装，根据仪器型号对照装箱检查仪器各部件及附件是否齐全。

(2) 将仪器放置于稳固的工作台上，检查各部件的紧固件有否松动并安装牢固。若因印板脱开造成控制机箱抽屉拉不开时，应先拆下机箱固定螺钉和胶木固定架，卸下插板，插好后将机箱复原。

(3) 清除主机、控制箱等组件，部件内外的灰尘和杂物。

(4) 打开天平外罩，先用洗耳球轻轻地吹去横梁表面和表头间隙中的灰尘。用软毛刷轻轻刷去其他部位的灰尘，使力矩转换器保持清洁。用无水乙醇擦洗天平底板及外罩内壁，风干后，合上外罩，并注意尽可能避免打开外罩，防止灰尘及杂物进入表头，影响力矩转换器的精度。

(5) 拧松玻璃管上、下拼帽，拆下左右玻璃管，用无水乙醇擦洗内壁，待风干后，照原来位置安装牢固。

2. 加热炉和天平主机安装

(1) 调整天平主机水平

(2) 炉子下端四芯插座与信号电缆相连，旋紧炉子底座，将炉子从外底座下面伸进玻璃管，使密封圈与玻璃管紧贴，拧紧中心调节螺钉(见图 7-12)，使炉子暂时固定，旋上高度调节螺圈，重新调整中心调节螺钉，使炉子位于适当位置。

(3) 打开外罩时，先松开压板，将外罩往上提至 60°，滑销自动插入销槽。放入外罩时，先将外罩往上推，然后滑销也往上推，将外罩放下，与底板合平，如图 7-14。

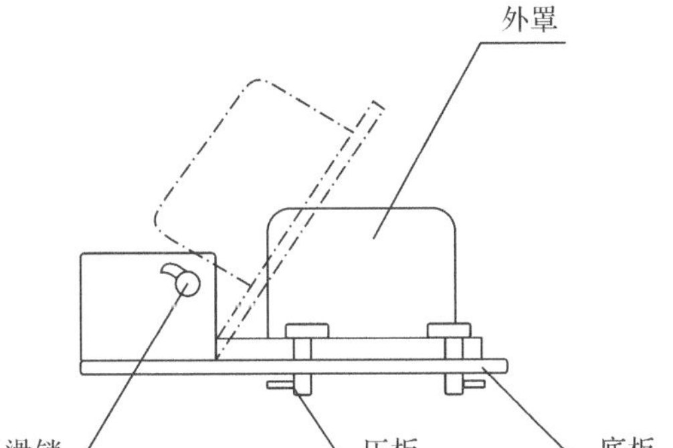

图 7-14 天平外罩

(4) 调整横梁固定架位置。如图 7-15，先拧松左右固定架紧固螺钉，将固定架向上移 2mm，将固定螺钉拧紧，再拧松托架紧固螺钉，将托架向下移动 1.5mm，将螺钉拧紧。

(5) 吊杆安装。用镊子夹住吊杆的一段，另一端伸进底板的圆孔内，并轻轻地挂在吊丝的椭圆形环内。拧松炉外玻璃套管上部的拼帽和炉子托架上的紧固螺钉将炉子下降到底部，移动样品盘托板，放置于吊杆的下方。将样品盘和盘环放在盘托上，然后向上移动托板，把盘环轻轻地挂在吊杆地挂钩上。挂放时，尽可能使吊杆减少晃动，然后将各部件恢复到原

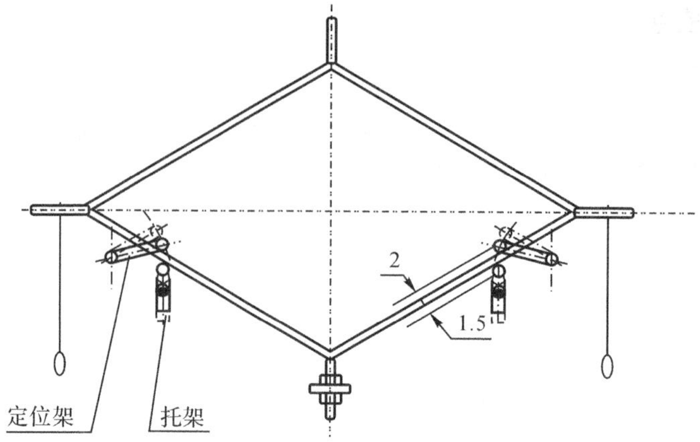

图 7-15　横梁固定架位置的调整

来位置。此时再调节中心调节螺钉，使样品盘位于炉子的中心。

3. 计算机数据处理系统的安装

从计算器盒中取出软件狗，注意：在插上或取下软件狗时，一定要在计算机和打印机关机状态下，否则损坏软件狗。把软件狗插在计算机平行口上（即打印口），然后把打印机的信号线插在软件狗上。

4. 电缆线连接

根据仪器型号，按附图链接电源线、信号线。

5. 将压缩气体钢瓶上减压阀输出端用 Φ3.5×0.6mm 聚乙烯塑料管与气氛单元相应的气体输入接头相连接。气氛控制单元气体输出端，与天平主机上气体输入端接头相连接。炉外玻璃套管上的气体输出接头，用乳胶管连接，管的另一端通向室外，以防止分解气体对实验室的污染。

五、仪器的操作

1. 加样品操作　图 7-16

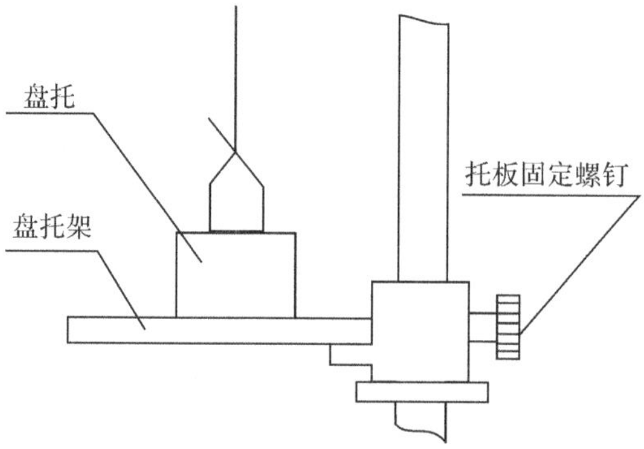

图 7-16　操作方法

2. 温度控制曲线采样设置

用鼠标点击桌面“温控程序”，点击通讯端口“COM2”(通讯端口)。注:(热失重仪，膨胀仪的通讯端口为“COM2”)。再点击“温控程序”，出现另一视面，在“初始温度”框中输入0，“终止温度”框中输入1000，“速率，度/分”框中输入10，之后点击“确认”。这时左边温度程序表中已出现01程序段的整个上升温度情况，即完成了上升温度的设置。为了保护加热炉正常工作以及不被过高的温度损毁，要进行第二程序段的保护设置，点击“初始温度”框中输入1000，“终止温度”框中输入0，这是指在第一程序到达1000℃以后不再向1000℃以上的高温升温，而是从1000℃向0℃降温。之后在“时间(分)”框中输入(—121)，因为(—121)为通讯通道口令，在软件设计过程中被特定设计的，目的是:在测试过程中人不在时;仪器能够自动保护炉子。再次点击确认，仔细检查温度程序表中，程序段是否正确、有无出错，确保在实验温度过程中能正常运行。检查无误后点击右下角“完成”。这时电脑视窗会弹出提示“温度程序”吗？点击“是”;出现“正在通讯”等提示，当出现通讯成功，点击确定(若出现通讯失败，有可能是“通讯通道”COM1或COM2选择错误，从而导致通讯失败)。再点击数据采集，此时已换视面，在视面框中均无参数，这时点击右下角的“采样”，之后就有当时控温表中所出现的实际参数。请在左侧“起始段”框中输入1(即第一程序段)，这是点击最小化，视窗缩小成小视图。图中有“开始”“暂停”“停止”图框在不停地内敛，变换色彩，当出现颜色时用鼠标点击，这是控温表会根据点击状态执行所需的功能，如果鼠标点击时无颜色，将不被执行。在闪烁、变色，无色状态，目的是给操作者警示作用，使操作者在实验中时常关注温控程序所处工作状态，若出现故障应立即停止。当温控程序采样设置好后等待备用。

面板装置及功能见图7-17。

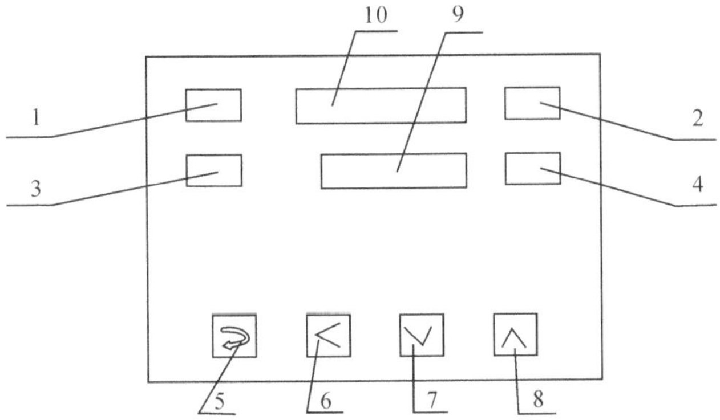

1—输出指示　2—报警指示　3—自整定　4—程序控温运行指示　5—设置键(回车键)
6—数据移位键(程序温度设置)　7—数据减少键(暂停/运行)　8—数据增加键(停止 stop)
9—给定值显示　10—测量值显示

图7-17　温控单元面板

六、应用软件操作(略)

七、仪器操作注意事项

1. 实验室的温度、湿度、防震，电源及气氛等，应符合工作条件的要求。

2. 尽可能减少打开外罩，以防止灰尘杂物进入天平室内，从而影响仪器的精度。

3. 取放试样或样品盘时，一定要用样品盘托板和盘托微微托住样品盘，防止操作时用力过大而拉断吊丝。

4. 仪器长距离搬移位置时，应将吊杆、样品盘卸下，并将托架托住横梁，防止振动后影响吊丝和张丝的精度。

5. 防止腐蚀性的分解气体进入天平室，影响仪器的使用寿命。

6. 在装卸软件狗时，一定要关闭计算机、打印机的电源，以免损坏软件狗。

7. 驱动器运行时切不可开门取磁盘，否则将损坏驱动器和键盘。

八、热重采样设置

双击桌面热重分析仪，点击采样，在 TG 量程中选 1，TG 倍率中选 10，DTG 量程中选择 2—5，采样设置中“起始温度”框中输入 0，“结束温度”框中输入 1000，“升温速率”框中输入 10℃/min，“保持时间”是指某一特定温度下的保温时间，如无需保温可不用输入气体，气体流量可根据实验实际情况输入，无需气体可不输入。

降下炉子把空坩埚放入吊篮中，使其静止无摆动。提升炉子，使有微弱风情况下不会影响吊篮摆动，把天平放大量程旋钮打到 1mg 状态。观察数据接口数字显示值，是否在＋00.000～00.030 之间，进行基础调节，如果数字显示不在＋00.000～00.030 之间，可通过电减码（即电子砝码）拨盘，向上或向下拨动，加或减少砝码，是满足调节要求，当达到要求后，请用鼠标点击“调零结束”，这时吊篮中的坩埚重量已经被扣除，热重曲线采样起点已被锁定。这时将天平放大量程 1mg 旋钮打回⊥（接地保护状态）。再降下炉子，取出坩埚。把空坩埚放入另一天平去除坩埚重量，放入样品 8～9mg，重新放入吊篮，升上炉子并轻轻地把石英玻璃管固定密封好，开起冷却风扇，打开天平放大量程旋钮，使其在 1mg 量程位置。这时请观察采样设置视图，在其右上角 TG 框中会显示试样的实际实验用重量，当这重量基本稳定后，把它的数值输入“样品重量”框中。仔细检查采样输入均无出错后，点击确认，采样图普及热重曲线运行视图就此显示。这时按下温控单元绿色按钮，鼠标点击温控采样小视窗中的“开始”，这时整个实验就正常运行。

实验结束时，首先点击温控采样设置小视窗中的“停止”，观察温度表是否已在停止状态，如果不在此状态要再次点击“停止”。要确保温度表停止状态下，将红色按钮按下。用鼠标点击“存盘返回”，切记不可点击“重新采样”，一旦点击“重新采样”在没有被保存的状态下，整个实验数据全部丢失不可重复，实验无效。选择 E 盘，TG 数据，本科实验，存盘命名。这时全部退出。重新调出 E 盘，TG 数据，本科生实验及命名试样，进行实验实际参数计算处理。

九、思考题：

图 7-18 是 $CaC_2O_4 \cdot H_2O$ 受热分解时，所得固体产物的质量随温度变化的曲线。试利用图中信息结合所学的知识，回答下列各问题：

(1)温度分别为 t_1 和 t_2 时，固体产物的化学式 A 是：__________，B 是__________。

(2)由 $CaC_2O_4 \cdot H_2O$ 得到 A 的化学方程式为____________________。

(3)由 A 得到 B 的化学方程式为____________________。

(4)由图计算产物 C 的分子量,并推断 C 的合理的化学式。

(5)实验过程中会有哪些情况影响数据采集,它将怎样反应到图谱中,请详细解释。

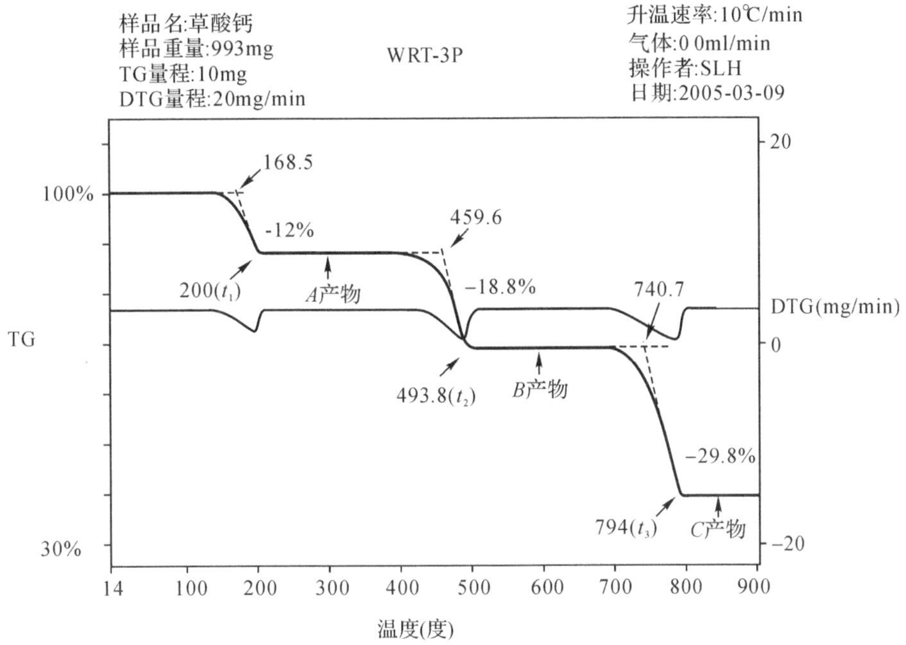

图 7-18 $CaC_2O_4 \cdot H_2O$ 热分解相图

实验 4 膨胀分析

一、实验目的

膨胀分析测量的是材料在一定温度变化过程中的膨胀或收缩情况。RJY-1P 型热机械检测仪配有膨胀、压缩、针入(穿透)和弯曲等不同的探头,可以测量各种材料的膨胀系数、软化点、熔点等,从而确定这些材料的玻璃化温度 Tg、流动温度 Tf、变态点、烧结过程以及各种材料的热力学性能。

本实验的目的:(1)熟悉 RJY-1P 型热机械检测仪的工作原理与使用操作方法;(2)应用 RJY-1P 型热机械检测仪对材料进行膨胀分析;(3)根据膨胀曲线,分析材料的线膨胀与收缩、玻璃化转变、相转变等。

二、概述

1. RJY-1P 型热机械检测仪配有膨胀、压缩、针入(穿透)和弯曲等不同的探头,可以测量各种材料的膨胀系数、软化点、熔点等,从而确定这些材料如玻璃转变温度 Tg、软化温度 Tf_1 及有关材料的变态点、烧结过程以及其他热学性能。它广泛地应用在金属、陶瓷、玻璃、高分子聚合物和低分子有机物等领域的科研部门、高等院校和有关工厂。

2. RJY-1P 型热机械检测仪由机械检测单元、温度控制单元、主机、数据接口单元和计算机组成。

3. 主要技术规格

(1)机械检测单元

位移满量程挡:±10、±25、±50、±100、±250、±500、±1000、±2500μm

最小分度值:0.2μm

最大位移量:5000μm

试样最大尺寸:高 10mm 宽 7mm 厚 7mm

微分满量程:±1～±25000 微米/分

机械调零范围:10mm

电调零范围:8μm

最大荷重:250 克

(2)温度控制单元

升温速率:0.1～30℃/min

(3)数据处理系统

数据曲线的采集、存取、屏幕显示及结果打印

4. 仪器使用条件

室温 0～25℃ 且温度波幅 1℃/小时

相对湿度 不大于 75%

电源 交流 220±10%、频率 50Hz、电源可靠接地

总功率 200 瓦

仪器不应放在太阳直晒、风大或温度变化大的场所。应清洁、防尘。由于在微量级(最小分度为 0.2μm)的范围内测量,主机应放在坚固可靠、无振动的工作台上或避震台上。周围不得有影响仪器精度、强电、强磁场干扰和腐蚀性气体的存在。应备有以 1 升/分速率的冷却水源,保证高的准确度。

三、仪器工作原理及结构

RJY-1P 型热机械检测仪主要由机械检测系统、位移转换器、温度控制系统、炉子及炉子调节结构、数据处理系统等组成,其示意图如图 7-19:

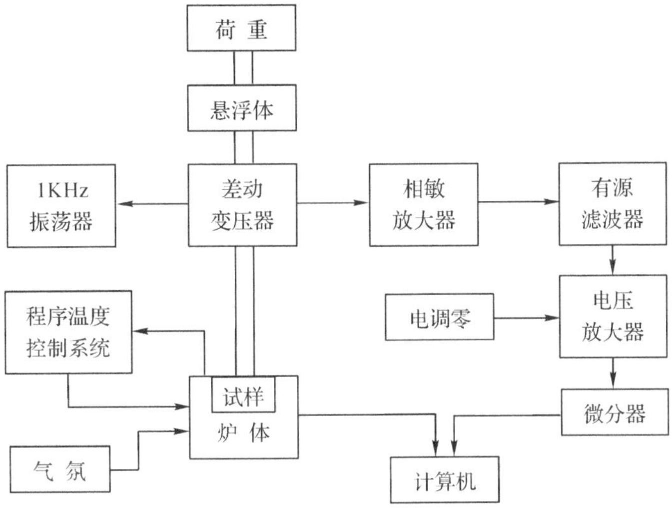

图 7-19 RJY-1P 型热机械检测仪结构框图

1. 机械检测系统

当物质被加热时,随着温度的升高,常常伴随着物质的形变,根据热形变曲线以求得各种材料的膨胀系数、物质晶相变化以及热机械性能(或称热—力学性能)。

机械(或称位移)检测系统如图 7-19 所示。在差动变压器原方线圈上施加 1kHz、10V 电压;当试样发生形变时,石英探头发生位移,带动差动变压器的可带动铁心,使差动变压器串联的两个付方线圈产生与位移成比例的电势,经相敏放大器、有源滤波器、电压放大器后送入计算机记录其形变 ΔL 曲线,同时将形变信号经微分器得到形变速率曲线 $d\Delta L/dt$,送入计算机记录。温度 T、形变和形变微分 $d\Delta L/dt$ 曲线如图 7-20 所示。

为操作方便和提高测量形变的精度,RJY-1P 型热机械检测仪装有机械调零、电调零、蓝宝石标准厚度的校正、量程选择等装置。

2. 位移转换器

位移转换器是将试样的形变通过与试样接触的石英探头,推动差动变压器的可动铁心,使差动变压器及其电路输出一个与位移成正比的整流电压。位移转换器如图 7-21 所示。

差动变压器原方所加的电压为 1000 赫、10 伏稳频稳幅的正弦交流电压,它由运算放大器、双 T 反馈网络和结型场效应管作为自动变阻的稳频稳幅电路所组成。

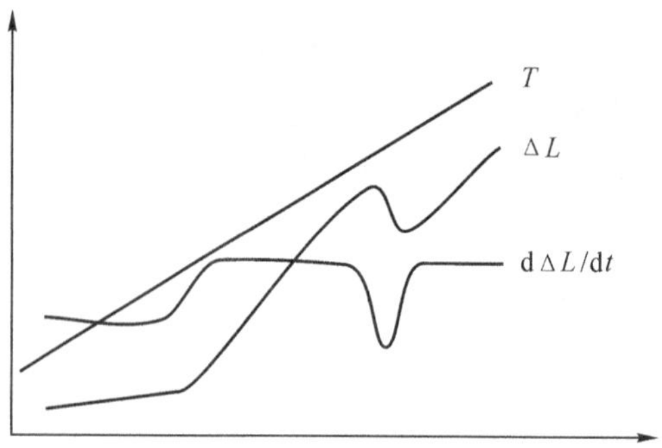

图 7-20　温度、形变、形变微分曲线

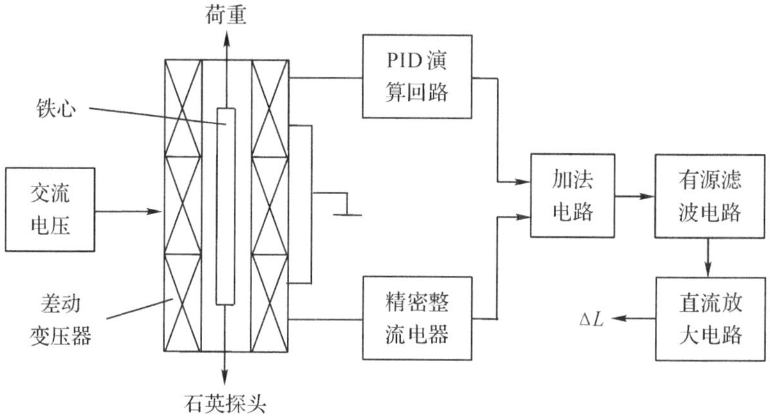

图 7-21　位移转换器

精密整流电路(又称理想二极管电路)由运算放大器和二极管电路等组成半波整流。如果铁心在差动变压器中间位置,则差动变压器二个付方线圈所感应的电势相同,他们分别经过上、下二个精密整流电路后输出正、负相等的电压,加法电路输出为零,直流放大器输出也为零。

如果试样发生膨胀,石英探头推动铁心向上移动,则上面的差动变压器付方线圈感应的电势大于下面的,则加法电路输出一个与膨胀位移成正比的电压,经有源滤波器和直流放大电路可以得到一个适当灵敏度的平稳的直流电压。

3. 温度控制系统

该系统由程序温度控制单元、控温热电偶及加热炉组成。程序温度控制单元可编程序模拟复杂的温度曲线,给出毫伏信号。当控温热电偶的热电势与该毫伏值有偏差时,说明炉温偏离给定值,由偏差信号调整加热炉功率,使炉温很好地跟踪设定值。

4. 炉子及炉子调节结构

炉子由冷却水套、反光罩、加热炉、哈夫夹头、反光片、炉体组成。加热炉采用插头形式,与炉体上的插座以键定位。两个半圆冷却圈紧夹在加热炉的六孔氧化铝管上,插入炉体内孔,以减少热量向下传递,且使加热炉处于炉子的中心位置。炉子的电源用电缆插头和主机左上角中电缆插座连接。

炉子调节结构由炉子升降托板、升降定位板、定位板、轴位螺钉和拉簧、调节圈、顶块、中心调节螺钉等组成。炉子升降托板和主机内的导套以架相连,通过导套和导柱上下滑动,使炉子上下移动。炉子的定位是靠炉子的自重,用升降定位板搁在紧固在主机上的定位板上。要使炉子下降,只要将升降定位板向外拉,使升降定位板脱离定位板,使炉子缓慢下降到底部。

炉子的中心调节是安装在调节圈上的三只成120度的中心调节螺钉和顶块来完成的,只要旋动三只调节螺钉,推动顶块将炉子紧固。

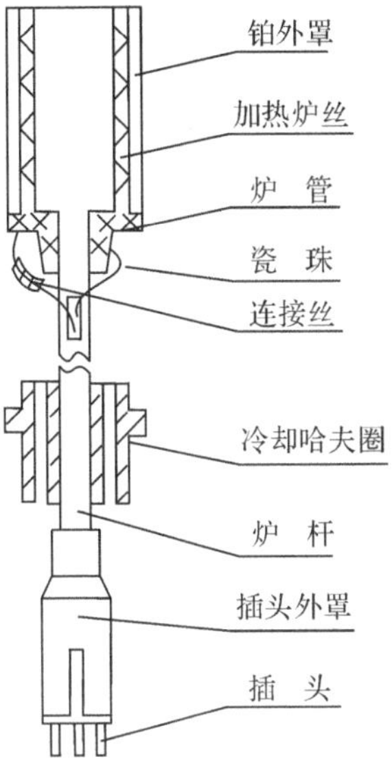

图 7-22 炉子调节结构

5. 数据处理系统

该系统由接口放大单元、A/D转换卡、计算机、打印机及系统软件组成。如图7-23所示。接口单元将T、TMA、DTMA信号变换成与A/D转换卡匹配的模拟量,经A转换成数字量,被计算机采集。采集到的数据曲线,有软件进行各种处理,结果可屏幕显示、打印。

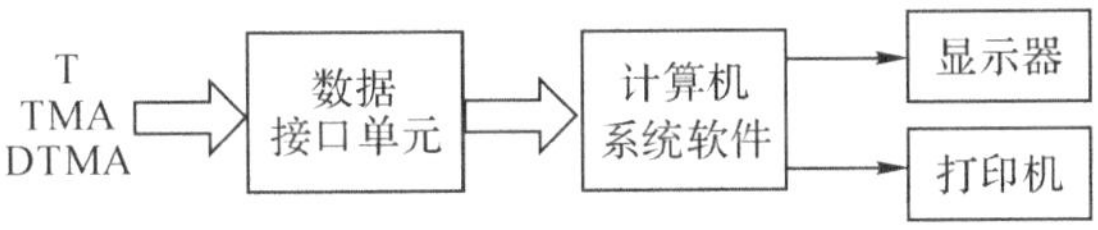

图 7-23 数据处理系统结构

四、仪器安装

1. 准备工作

(1)拆除包装,对照装箱单检查仪器各部件及附件是否齐全。

(2)将仪器放置于稳固的工作台上,检查各部件的紧固件有否松动并安装牢固。若因印板脱开造成控制机箱抽屉拉不开时,应先拆下机箱固定螺钉和胶木固定架,卸下插板,插好印板后将机箱复原。

(3)清除主机、控制箱等组件,以及部件内外的灰尘和杂物。

2. 安装

(1)调整主机水平调节脚,使主机处于水平。

(2)拧下上罩后面的螺钉,使上罩向上拨,将上罩抽出,在备件箱里拿出氟硅油,倒入上面的有机玻璃浮液筒,使之到适当的位置(注意勿使太多,以防溢出),然后合上上罩,拧紧螺钉。

(3)炉子的安装。按炉子上的接水标牌,接上进水和出水管,并用细铅丝扎紧,以防漏水。然后将炉子放入主机的调节圈上,放入三只顶块,调节调节圈上的三只中心调节螺钉,初步将炉子调到中心位置,然后在主机上装上石英探头和石英样品管(或做延伸时用薄膨胀试样管），然后用手托炉子两侧向上缓慢托起升降架，使石英样品管处于炉子冷却水管的中心，注意千万不能使石英样品管与冷却水套相碰，以免损坏。这时可多次旋动中心调节螺钉，使石英样品管处于炉子冷却水管的中心，待炉子中心已调好，可用炉子固定螺钉从下面穿过炉子升降托板将炉子和升降托板固定。

(4)石英探头和石英样品管的安装。将所需石英探头和石英试样管小心取出，将石英探头放入石英试样中，套上石英试样管固定螺母，这时炉子托架处于最低位置，将石英试样管放入炉子中，先将石英探头的螺纹旋入位移顶杆上下面的螺母上（这时另一只手轻轻地旋住位移顶杆上部的砝码盘），再将石英管固定螺母旋入主机上面的螺纹里，且将它旋紧。这时就能在探头的头部装样了。

(5)铠装热电偶的安装。将铠装热电偶略加整理使之较直，先将铠装热电偶尾端的二芯插头插入主机右上部的二芯插座里，然后将铠装热电偶小心地插入石英样品管侧面的小孔里，直至通到下面为止，且使它靠近被测样品，以取得实际的温度。

3. 电缆线连接

按下图 7-24 连接电源线、信号线。

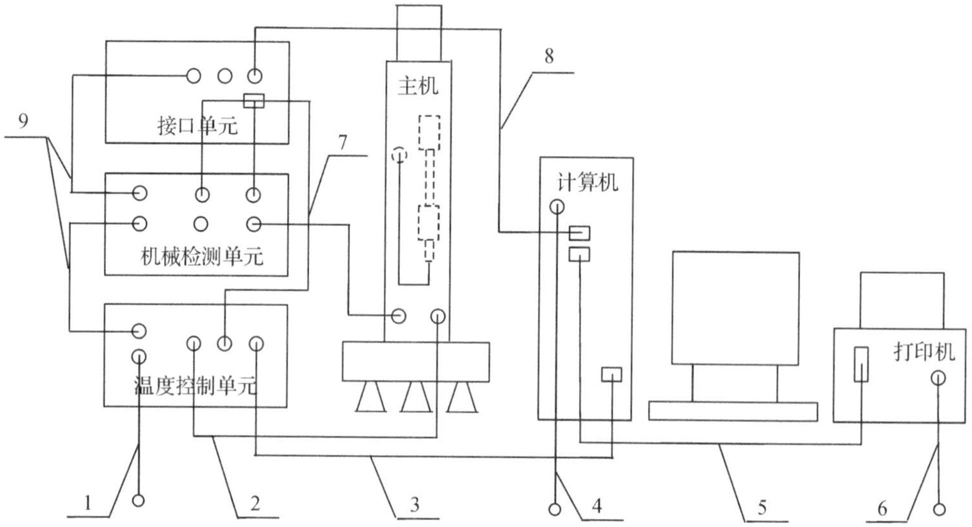

1—主机电源输入　2—炉压热电偶信号　3—温控通讯线
4—计算机电源输入　5—打印机信号输入　6—打印机电源
7—接口信号输入　8-接口信号输出　9—单元电源连接线

图 7-24　实验仪器的连接示意

4. 计算机数据处理系统

从计算机盒中取出软件狗，注意：在插上或取下软件狗时，一定要在计算机和打印机关机状态下，否则易损坏软件狗。把软件狗插在计算机平行口上（即打印口），然后把打印机的信号线插在软件狗上。

5. 气路连接

将压缩气体钢瓶上减压阀输出端用 Φ3.5×0.6mm 聚乙烯塑料管与气氛单元相应的气

体输入接头相连接。气氛控制单元气体输出端与主机后盖中间气体输入端接头相连接，并用六角通气螺母用扳手旋紧，气体输出接头用胶乳管连接，管的另一端通向室外，以防止分解气体对实验室的污染。

五、仪器操作

1. 开启电源进行预热 20～30 分钟(包括启动电脑及软件程序)

①将已用游标卡尺测量后的样品，小心放入样品室，若样品两面不够平滑，需要进行抛光处理；

②在上部窗口放置 12～15 克砝码，使石英玻璃顶杆落在样品之上；

③降下升温炉；

④当 TMA 读数稳定后，点击“调零结束”(此项操作将在最后确认)；

⑤开启冷却水，保护炉子密封件，使之处于低温状态。

2. 各测量单元选择

①显示选择开关处于“TMA”位置；

②检测开关处于“出 3～出 4”位置；

③μm 量程开关处于“±25～±50”位置；

④滤波开关处于“高”位置；

⑤微分量程开关处于“5～10”位置。

3. 电脑软件设置

①双击快捷方式软件 RJY-1P；

②选择测试种类如膨胀；

③TMA(μm)：±25～±50；

④DTMA(μm/min)：5～10；

⑤样品名称，样品厚度，操作者；

⑥采样设置：起始温度，结束温度，升温速率。

4. 温控程序设置

①双击温控程序软件，点击“温度程序”，输入“初始温度”、“终止温度”、“速率度/分”，确认无误后点击“确认”；此时，“温度程序表中”会显示输入程序温度的工作状态。再次检查后点击“完成”；

②点击“数据采集”，在新窗口中点击“采样”。此时，“实测温度”、“设定温度”、“现行状态”会一一反应在表中；

③输入经稳定后的样品厚度尺寸；

④按下电炉启动按钮进行加热升温；

⑤点击“最小化”，当页面缩小后，点击运行；

⑥操作完成后，对仪器进行实验观察，在测试过程中确保无任何振动。

六、应用操作

1. 温度控制曲线采样设置

用鼠标点击桌面“温控程序”，点击通讯端口“COM2”(通讯端口)。注：(热失重仪，膨胀仪的通讯端口为"COM2")。再点击"温控程序",出现另一视面,在"初始温度"框中输入0,"终止温度"框中输入1000,"速率,度/分"框中输入10,之后点击"确认"。这时左边温度程序表中已出现01程序段的整个上升温度情况,即完成了上升温度的设置。为了保护加热炉正常工作以及不被过高的温度损毁炉子,要进行第二程序段的保护设置,点击"初始温度"框中输入1000,"终止温度"框中输入0,这是指在第一程序到达1000℃以后不再向1000℃以上的高温升温,而是从1000℃向0℃降温。之后在"时间(分)"框中输入(−121),因为(−121)为通讯通道口令,在软件设计过程中被特定设计的,目的是:在测试过程中人不在时;仪器能够自动保护炉子。再次点击确认,仔细检查温度程序表中,程序段是否正确、有无出错,确保在实验温度过程中能正常运行。检查无误后点击右下角"完成"。这是电脑视窗会弹出提示"温度程序"吗?点击"是";出现"正在通讯"等提示,当出现通讯成功,点击确定(若出现通讯失败,有可能是"通讯通道"COM1或COM2选择错误,从而导致通讯失败)。再点击数据采集,此时已换视面,在视面框中均无参数,这是点击右下角的"采样",之后就有当时控温表中所出现的实际参数。请在左侧"起始段"框中输入1(即第一程序段),这是点击最小化,视窗缩小成小视图。图中有"开始""暂停""停止"图框在不停地内敛,变换色彩,当出现颜色时用鼠标点击,这是控温表会根据点击状态执行所需的功能,如果鼠标点击时无颜色,将不被执行。在闪烁、变色,无色状态,目的是给操作者警示作用,使操作者在实验中时常关注温控程序所处工作状态,若出现故障应立即停止。当温控程序采样设置好后等待备用。

2. 膨胀仪曲线采样设置

双击桌面膨胀分析仪软件,点击文件,开始采样,试验信息:输入样品名称、样品厚度(h、mm),负荷重量(mg),操作者姓名、气体名称、气体流量。(若不通气体可无需输入),开始温度,输入0℃,结束温度,输入1000℃,恒温时间,指特定温度下保温时间,无需可不输入。仪器参数:微分信号,输入±100~250μm/min,升温速率,输入5~10℃/min,位移量程、输入±25~50μm。一般无机材料膨胀系数小,选择放大倍数高的±25~50μm,金属材料膨胀系数大,选择放大倍数略小的±50~100μm。样品厚度(h、mm),在装样之前用游标卡尺测量,该仪器最大试样$h \leqslant 8$mm,最大直径$\phi \leqslant 7$mm。

实验安装试样:

在被测试样两截面平行抛光后,测出试样实际长度(mm)降下加热电炉,用薄盖片拦住炉孔防止被测样落入炉膛内。将被测试样准确放入石英玻璃管中心,使管中石英顶杆落在被测试样上面中心位置。在仪器顶部窗口加压12−15克砝码,防止其位移,动手调整位移中心一点;使之在观察窗中心位置。之后,用右手从炉子底部将炉子慢慢向上抬升,使炉孔对准石英管,使其落入炉子中心,此时左手拉开炉子底部插销,注意:不能撞击石英管,因为玻璃制品易碎。当炉子升温至石英管刻度线时,左手放开插销,插销进入插孔锁定炉子使其不可降落。打开冷却水阀,有水在炉子中循环,确保炉子保温材料不会被高温所烧坏。

观察检测指示针是否在0位附近,用右手调节旋钮(在石英管上部右侧),要求数据接口显示数值,金属材料试样因膨胀系数大,要把数值调至−4左右,(不能超出−5)。由于无机材料膨胀系数小,可将数值调至−2左右,视试样而定。这时电炉启动(绿色按钮)过1~2分钟后。TMA现实数值基本稳定后,点击采样,使膨胀曲线在采样视图落入起点定位,膨胀曲线采样实验开始。点击温控采样"开始",温控采样开始后至此整个实验应该能正常进行。在试验中请注意观察各曲线状态。并严格控制实验台的各种振动。不然会造成曲线或上或下的位移,而无法准确测量,计算被测试样的膨胀系数。实验结束时,先点击"停止",确保已经点击成功,按下红色按钮。寻找 E 盘,TMA 数据,本科实验,命名存入,之后全部退出。重新寻找 E 盘,TMA 数据,本科实验及命名文件,打开进行数据处理及计算。

七、仪器操作注意事项

1. 实验室的温度、湿度、防震,电源及气氛等应符合工作条件的要求。
2. 样品的两个端面要平行,否则造成结果失真。
3. 在装卸软件狗时,一定要关闭计算机、打印机的电源,以免损坏软件狗。
4. 驱动器运行时切不可开门取磁盘,否则将损坏驱动器和磁盘。

八、实验思考题

下图示出了样品 a 与样品 b 的热膨胀分析曲线,利用图中的信息,回答下列问题:

1. 回顾物质受热产生膨胀的内因,以及膨胀系数测试的公式。

(1)物质的膨胀源于物质内部粒子运动的加剧。

(2)膨胀系数的测定公式为$\frac{dL}{L\,dT}$,或$\frac{\Delta L}{L\,\Delta T}$,或$\frac{L_1-L_0}{L_0(T_1-T_0)}$,其中 L_0 为温度为 T_0 时样品的长度,L_1 为温度为 T_1 时样品的长度。

2. 下图示出了样品 A 与样品 B 的热膨胀分析曲线,两个样品的初始长度均为5.00 mm;利用图中的信息,回答下列问题:

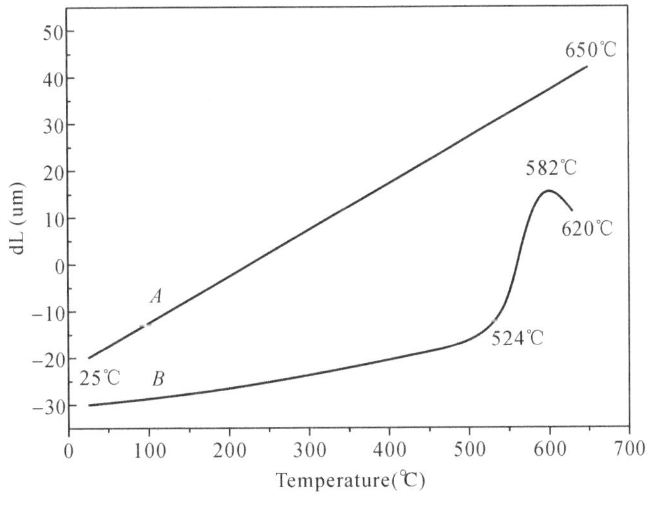

(1)两个样品中有一个是玻璃样品,玻璃样品是:______,其软化温度为:______。

(2)计算样品 a 在 50～600℃之间的平均膨胀系数:____________。

(3)计算样品 b 在 500℃时的膨胀系数:____________。

(4)对本次实验图谱曲线进行详解。

第八章　电子显微镜

实验1　透射电镜复型样品的制备

一、实验目的

1. 掌握表面复型制备技术
2. 掌握萃取复型制备技术

二、实验原理

要利用透射电子显微镜来分析材料的显微组织，首先要制备出电子束能穿透的"透明"样品。透射电镜中电子束穿透固体样品的能力，主要取决于电子枪的加速电压以及样品的原子序数。通常情况下加速电压越高，样品原子序数越低，电子束可以穿透的样品厚度就越大。对于透射电子显微镜常用的 50～200KV 电子束来说，样品厚度值在 5～500nm 为宜。[1]

复型样品并不是真正的样品本身，而是一种间接试样，是用碳、塑料等中间媒介物把样品表面高低起伏复制下来，通过对复型的观察间接地得到样品表面组织形貌。

复型的材料应具备以下条件：第一，复型材料是非晶体的。因为晶体材料在电子束照射下，某些晶面将发生衍射，衍射产生的衬度会干扰复型表面形貌的分析。第二，由于复型复制表面的能力取决于复型材料本身粒子的大小，也就是说复型的分辨率取决于复型材料的粒子尺寸，复型材料的粒子愈小，分辨力就愈高。所以复型材料的粒子尺寸必须尽量小。常用的复型材料，如真空蒸发沉积碳膜，分辨率可达 2nm 左右。而用塑料作复型材料，因为塑料分子的直径比碳粒子大得多，它只能分辨比 10～20nm 大的组织细节。第三，复型材料应必须具有足够的强度和刚度，这样在复制过程中不致破损或变形；同时还必须具有耐电子轰击的性能，即在电子束照射下能保持稳定，不会发生分解和破坏。[1,2]

真空蒸发形成的碳膜和通过浇铸蒸发而成的塑料膜都是非晶体薄膜，它们的厚度又都小于 500nm，在电子束照射下也具备一定的稳定性，因此符合制造复型的条件。

目前主要采用的复型方法是：一级复型法、二级复型法和萃取复型法三种。

三、仪器介绍

本实验采用仪器主要是真空镀膜仪。它通常采用机械泵加油扩散泵真空系统，真空度可达 10^{-3}Pa。采用真空蒸发沉积的方法，能同时进行喷镀金属和喷碳。喷镀时角度可在 0

～90 度之间调整。喷镀材料放在 0.5mm 直径钨丝绕制的螺旋形蒸发器中，通直流电加热。当温度达到喷镀材料熔化温度时，喷镀材料以点状发射源的形式向四周发射，沉积在样品上。为保证喷镀均匀，样品可以不同速度旋转。该仪器除了能进行真空蒸发沉积外，还能作为加热装置清洁电镜配件，如电镜光阑。清洁电镜光阑的工作在仪器专用的钼舟上进行。

四、实验步骤

1. 对试样的要求

电镜的高分辨本领使它能够显示出材料组织的微细特征。为使组织微细特征不在制备试样时失真，对试样的制备必须严格。否则会造成假象，影响对观察结果的分析。对于金相组织试样要细心磨制，仔细抛光，力求避免产生微小的磨痕及变形层。试样所用的浸蚀剂可与做金相试样时所用的浸蚀剂相同，即可以沿用光学显微镜分析所用浸蚀规范，但应尽可能采用活性或浓度较低的浸蚀剂，浸蚀应浅一些，这样可保留组织细节，也能使浸蚀过程比较容易控制。如果浸蚀过重可能引起相界、晶界的过浸蚀，导致失真、脱落，甚至会出现腐蚀坑等假象。这些在光学显微镜中未必能显示的缺陷和假象，它们在透射电子显微镜下却可能被显示[1]。对于断口试样要尽量保持断口新鲜，防止出现锈蚀及变形。

2. 一级复型

一级复型制备较为简单，按材料不同分为塑料一级复型和碳一级复型两类。塑料一级复型是在试样上滴上一滴塑料溶液，然后等塑料溶液挥发后，小心揭下即可。碳一级复型是在试样表面喷镀上一层碳膜，然后用电解法或化学法将碳膜脱开，脱下的碳膜放入蒸馏水中展开，用铜网承载塑料一级复型一面平整，另一面与试样高低起伏正好相反，称为负复型，复型厚度的差别形成了图像衬度。而碳一级复型厚度基本相同，因此衬度较差，但因为碳颗粒较小，图像分辨率较高。

3. 塑料—碳二级复型

塑料—碳二级复型由于其制备过程不损坏试样表面，重复性好，供观察的第二级复型是碳膜，导电、导热性好，在电子束照射下较为稳定，因而得到广泛的应用。具体制备工艺如下

1）在样品表面滴一滴丙酮，静置一会，等丙酮略挥发一下。然后倾斜地贴上一片合适大小的 AC 纸（醋酸纤维素薄膜）。注意不要留下气泡或皱折。待 AC 纸干透后小心揭下。为去除腐蚀产物，可以反复贴 AC 纸 3～4 次。将最后一片 AC 纸留下。这片 AC 纸就是所需要的塑料一级复型；

2）将 AC 纸复型面朝上平整地贴在衬有纸片的胶带纸上；

3）将复型放入真空镀膜仪中，让投影金属的蒸发源与复型形成一定角度，角度视表面凸凹高低而定，通常在 15 度～45 度之间。常用的投影材料有铬、金、以及铂—钯合金等。投影的目的是提高质厚衬度效应增加立体感。投影后再沿垂直方向喷镀一层碳，喷碳时应让样品旋转以保证碳膜厚度均匀。可将滴有油的白瓷片放入真空室中同时喷镀，以估量投影及喷碳的厚度，当无油处白色瓷片变成浅棕色时为宜。

4）将喷镀好的复合复型剪成直径小于 3mm 的小片放入丙酮中。待醋酸纤维素溶解后，用镊子夹住样品铜网将碳膜复型捞起。如果复型发生卷曲，可将其放入蒸馏水中，利用水的表面张力把卷曲的碳膜展开，然后再用铜网捞起，放到滤纸上吸干水分为止。

4. 萃取复型技术

萃取复型就是用复型材料(如碳等)在复制基体组织形貌的同时把试样中的第二相,或夹杂物直接萃取下来,萃取复型不仅可以通过复型样品上的凸凹不平反映基体形貌,而且还能直接观察夹杂物或第二相粒子的大小、形貌、分布以及通过电子衍射研究它们的点阵类型和晶体结构等。由于是直接观察复型上的部分实物,可以发挥透射电镜的高分辨本领,同时由于实物部分和复型部分之间电子散射能力相差很大,所以极大地提高了像的衬度。因此萃取复型技术在物相研究中得到了广泛应用。

1) 喷碳萃取复型技术[3]

(1) 按一般金相样品的制备方法磨制、抛光样品。

(2) 按试样的种类不同选择适当浸蚀剂进行深腐蚀。常用的腐蚀方法有化学腐蚀与电解腐蚀等。对于碳素钢、合金钢可根据具体情况选用一般常用的金相腐蚀剂,如硝酸酒精、苦味酸酒精、王水等。对于稳定夹杂物(包括 Al_2O_3,$FeO \cdot Al_2O_3$,Cr_2O_3,$FeO \cdot Al_2O_3 \cdot NiO$,硅酸盐,AlN,NbS 等)用 $H_2SO_4 : H_3PO_4 : H_2O = 1 : 3 : 1$ 的试剂;对于不稳定性夹杂物如(Fe·Mn)O,(FeMn)S 等,可选用中性电解液。表 8-1 给出一些常用材料的电解腐蚀规范。电解腐蚀法常会使晶界腐蚀过深,对以后操作不利,使用时必须注意,在观察晶界析出物时尽量不要采用此法。

(3) 用酒精棉轻轻擦洗样品表面以去除腐蚀产物。

(4) 将试样放入真空镀膜仪中喷碳,为使碳复型致密地包住夹杂物或析出物,碳膜应较厚,在 20nm 以上。喷碳时可以转动试样,一般喷碳后试样表面变为蓝色即可。为增加图像衬度,可对试样投影铬(Cr)、金(Au)等重金属。如需要作内标时可先在试样上喷金或其他内标物质。

(5) 用刀尖将试样表面的碳膜分割成小于 3mm 的小格。

(6) 采用电解脱膜将碳膜脱掉。电解脱膜时要根据金属材料和所要萃取的第二相来选择电解液,可用与腐蚀金相组织相同的溶液电解,但浸蚀第二相的溶液不能使用。

电解脱膜时要注意控制电流密度,因为电流过大会形成大量气泡使碳膜碎裂。一般是取电解抛光电流密度的下限值,这可以通过实验确定。将试样未喷碳一端放到电解液中并通电,如果试样表面变黑,说明样品表面被腐蚀;增加电流密度,如果试样表面生成黄绿色的黏膜,洗去黏膜后试样表面变亮,说明试样表面被抛光了。这时的电流密度就是电解脱膜时下限电流强度。电解脱膜时试样做阳极,不锈钢片做阴极。把试样放置在电解液的下部,与液面平行。为防止萃取下来的碳复型破碎,可先把 2%的火棉胶醋酸戊酯溶液滴到样品喷碳面上,刮掉多余的胶液,等干后用针尖划出小格,再进行电解萃取。也可以用 5%左右的醋酸纤维素丙酮溶液保护碳复型,做法同上。

(7) 将脱下的碳膜捞入腐蚀组织时所用的腐蚀剂中停留 10 分钟,以溶掉碳膜上的腐蚀产物。

(8) 在丙酮中清洗脱落下来的碳膜,捞到铜网上,放到滤纸上干燥后观察。

2) 大块沉淀相或夹杂物的萃取复型技术

(1) 按照一般金相样品的制备方法抛光试样后,用相应的腐蚀剂对样品进行轻腐蚀。

(2) 逐步延长腐蚀时间,同时在光学显微镜下检查腐蚀效果,直到大颗粒表面露出大约 5μm 为止。

表 8-1　萃取复型用的金属材料的电解腐蚀规范材料

材料	保留相	电解腐蚀液
Ni 基合金	r'	1）20%磷酸水溶液 2）5ml 氢氟酸 10ml 甘油 85ml 乙醇 3）12ml 磷酸 47ml 硫酸 41ml 硝酸
	微量相 TiN、$M_{23}C_6$ 等	1）33ml 氢氟酸 67ml 甘油 2）10%无溴水甲醇榕液 3）100ml 总量中：5ml 氢氟酸 10ml 甘油 10～50ml 乙醇，余量为水 4）3 份甘油 2 份氢氟酸，1 份硝醇 5）2ml 硫酸 98ml 水 6）5～10%磷酸水溶液
Fe-Ni 基合金	(Ti Cr W)C、AB_2	50ml 盐酸 40ml 甲醇 10ml 甘油
	$M_{23}C_6$ M_7C_6 r'等	5ml 盐酸 1 克苦味酸，100ml 酒精
Fe-Ni-Cr 合金	微量相	1）10%KOH 水溶液 2）60ml 硫酸 30ml 磷酸 10ml 水 3）15ml 硫酸 60ml 磷酸 10 克 CrO 4）80ml 磷酸 20ml 水
Fe-Ni-Al 合金	$M_{23}C_6$ M_7C_3 Al_2O_3，Cr_2O_3	10%盐酸 2%柠檬酸 20%氯化钠
	稀土化合物	2%～3%NaCl 1%EDTA （乙胺四乙酸二钠）
Fe-Cr 合金	时效硬化相	3 份甘油 3 份盐酸 1 份硝酸（化学腐蚀）

（3）用乙醇清洗被腐蚀的表面，然后用热风吹干，或用红外灯烘干。

（4）把低浓度（<4%）的聚醋酸甲基乙烯（Formvar）溶液滴到试样上，多余部分用滤纸吸干。

（5）再滴 4%火棉胶增加覆盖层厚度。

（6）等试样内干燥后，用刀片划开，然后用镊子将膜揭取下来。

（7）把复合膜剪成小块放置在铜网上。

（8）在铜网上滴上醋酸戊酯溶掉火棉胶膜，干燥后可用于电镜观察。

五、实验报告要求

实验报告内容包括实验名称、实验内容、实验步骤。实验报告要求简述塑料一碳二级复型及萃取复型制备过程及应用。

六、实验注意事项

严格按实验指导书中的操作步骤并在指导教师的监督下进行。实验所用的化学试剂及电解液多为有毒或具有强腐蚀性，实验操作时必须十分小心谨慎。

实验2　透射电镜薄膜样品制备

一、实验目的

1. 掌握透射电镜薄膜样品制备的工艺过程。
2. 熟悉双喷电解抛光仪的原理和构造。
3. 熟悉离子减薄仪的原理和构造。

二、实验原理

利用复型技术虽然可以使电子显微镜的分辨率达到纳米数量(高于光学显微镜的分辨率),但是由于复型材料本身的颗粒有一定的大小,因此不可能把比它自己要小的细微结构复制出来,从而限制了分辨率的进一步提高。此外,复型只能对样品的表面形貌进行复制。并不能对样品的内部组织结构(例如晶体缺陷、界面、成分等)进行观察分析,萃取复型虽然能对萃取物作结构分析,但对基体组织仍然是表面形貌的复制。因此,复型技术在应用方面还有着很大的局限性。

利用材料本身制成的薄膜样品在透射电镜下直接观察分析,具有很多优点:

1) 可以最有效地发挥电镜的高效大倍数和高分辨率本领。

2) 能够观察和研究材料的内部结构和晶体缺陷,并对同一微区进行选区电子衍射的研究,比如可以把相变与晶体缺陷联系起来。

3) 能够进行原位动态观察,比如研究在变温情况下相变的成核长大过程,以及位错等晶体缺陷在应力下的运动与交互作用。

因而在透射电镜下直接观察薄膜样品的方法得到了广泛应用和发展。电子束对薄膜的穿透能力和加速电压有关。当电子束的加速电压为200kV时,就可穿透厚度为500nm的铁膜;如果加速电压增至1000kV时,就可穿透厚度为1500nm的铁膜。从图像分析的角度来看,如果样品的厚度较大,会使膜内不同深度层上的结构细节彼此重叠而互相干扰,得到的图像过于复杂,以致难以进行分析,同时色差也会增大。如果样品太薄则表面效应将起着十分重要的作用,以至于会造成薄膜样品中相变和塑性变形的进行方式有别于大块样品。因此,为了适应不同研究目的,应分别选用适当厚度的样品,对于一般金属材料而言,样品厚度都在500nm以下,如果是用于高分辨分析,样品厚度一般在50nm以下。[2]

合乎要求的薄膜样品必须具备下列条件:首先,薄膜样品的组织结构必须和大块样品相同,在制备过程中,要确保样品的这些组织结构不生变化。第二,样品相对于电子束而言必须具有足够的“透明度”,因为只有样品能被电子束透过,才有可能进行观察和分析。第三,薄膜样品应有一定的强度和刚度,在制备、夹持和操作过程中,受到一定的机械力作用不会引起变形或损坏。最后,在样品制备过程中要防止表面产生氧化和腐蚀。氧化和腐蚀会使样品的透明度下降,并造成多种假象。[2]

三、仪器简介

1. 双喷电解抛光仪[3]

双喷电解抛光仪由电解液冷却与循环部分、电解抛光减薄及样品观察三部分组成，如图8-1。

1）电解液冷却与循环部分：通过耐酸泵把电解液经喷嘴打在样品表面。可以在电解液中加入液氮或干冰冷却，采用低温循环电解液减薄可使样品不会因过热而氧化，同时又可得到平滑而光亮的薄膜。

2）电解抛光减薄部分：电解液由泵打出后通过相对的两个铂阴极喷嘴喷到样品表面。喷嘴口径范围在 0.5～2mm。样品夹在聚四氟乙烯制作的夹具中间，样品通过直径为0.5mm的铂丝与阴极之间保持电接触，调节喷嘴位置使两个喷嘴位于同一直线上。

3）样品观察部分：样品的一个侧面放置光源，电解抛光时一根光导纤维管把外部光源传送到样品的一个侧面。样品的一个侧面放置光敏元件，当样品出现穿孔时，透过样品的光通过在样品另一侧的光导纤维管传送到外面的光电管，切断泵电源，停止电解抛光液的喷射流，同时发出报警声响。

另一种双喷电解抛光仪，其电解液驱动采用磁力驱动，其余部分由电解冷却与循环部分、电解抛光减薄及观察样品三部分组成。

2. 离子减薄仪[3]

离子减薄装置由工作室、电系统、真空系统三部分组成。工作室是由离子枪、样品台、微型电机等组成的。图 8-2 为离子减薄仪工作室示意图。工作室内沿水平方向有一对离子枪，调整样品台上的样品，使其中心位于两枪发射的离子束中心，离子枪与样品的距离在 25～30mm。样品可倾斜，根据减薄的需要可调节枪与样品的角度，通常调节范围在 7～20°之间。稀薄气体氩气在高压电场作用下形成辉光放电，产生氩离子，氩离子在穿过盘状阴极中心孔时受到加速与聚焦。高速运动的氩离子射向装有试样的阴极，把原子打出样品表面从而减薄样品。样品台能在自身平面内旋转，以使样品表面均匀减薄。为了在减薄期间能随

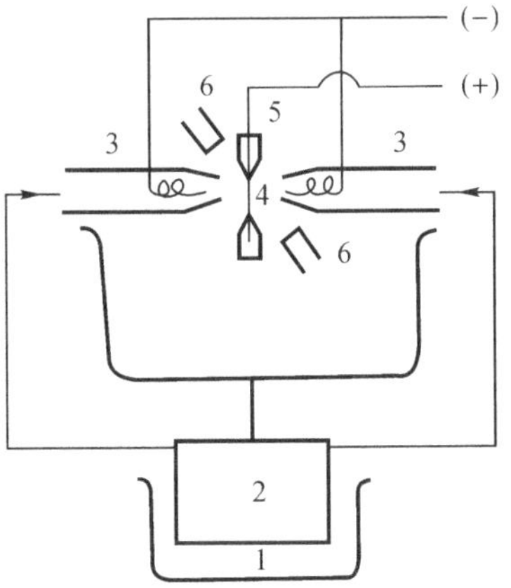

1.冷却装置　2.泵、电解液　3.喷嘴　4.试样　5.样品架　6.光导纤维

图 8-1　双喷电解抛光装置示意图[3]

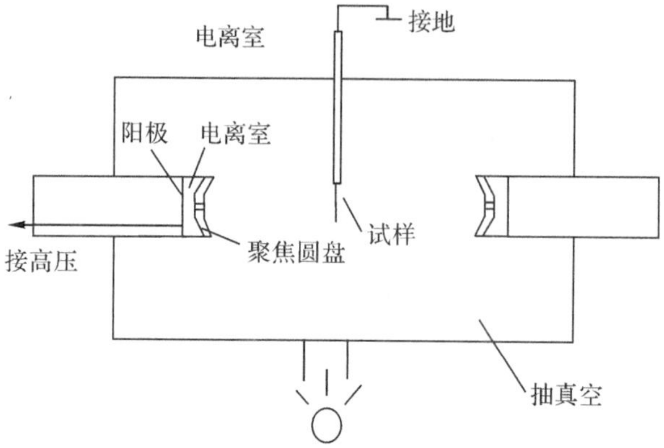

图 8-2　离子轰击减薄示意图

时观察样品的被减薄情况，在样品下面装有光源，当样品被减薄出现透光时，打开光源可以观察到样品透光情况，从而判断样品的减薄状态。电系统主要包括供电、控制及保护三部分。真空系统可保证工作室高真空。[3]

四、实验步骤

用于透射电镜下观察的试样厚度要求在 50～200nm 之间。有两类方法可以制成薄膜样品，第一类方法是将薄片从大块样品上截取下来的，然后逐步减薄，制成薄膜；第二类方法是通过用真空蒸发沉积或溶液沉淀等方法直接制备电子束能穿透的薄膜。由于第二类方法制成的薄膜和实际大块材料的性质有着较大的差别，因此通常只能在某些特殊方面使用。

按第一类方法制备薄膜的过程大致可以分为下面三个步骤：

第一步骤是从大块试样上切取薄片，薄片厚度为 0.3～0.5mm。对一般导电的金属样品可采用电火花线切割法。对于塑性较好的材料还可用压延并退火的方法来制备薄片。对非导电样品以及岩石和矿物等脆、硬样品要用金刚石刀片或金刚石丝锯切下薄片，切片厚度应不小于 0.3mm。

第二步骤是样品薄片的预先减薄。常用的预先减薄的方法有两种，即机械法和化学法。机械减薄法主要是通过手工研磨来完成的，把切割好的薄片一面用黏接剂粘在特制的透射电镜样品磨抛器的表面，然后在磨抛机上用水砂纸进行研磨减薄。研磨过程中要注意保持样品的平行度，避免用力太大，并保持样品充分冷却。因为压力过大和温度升高都会引起样品内部组织结构发生变化。减薄到一定程度时，用溶剂把黏结剂溶化，然后把样品翻一个面黏结再研磨减薄另一面，直至样品被减薄至一定的厚度。如果材料较硬，可减薄至 70μm 左右；若材料较软，则减薄的最终厚度不能小于 100μm。这是因为手工研磨时即使用力不大，薄片上的硬化层往往会厚至数十个纳米。为了保证所观察的部位不引入因塑性变形而造成的附加结构细节，除研磨时必须特别仔细外，还应留有在最终减薄时可被去除的硬化层余量。另一种预先减薄的方法是化学薄化法。这种方法是把样品薄片放预先配制好的化学试剂中，使它的表面减薄。此种方法对单相材料相对较容易，如单晶硅，可采用氢氟酸进行化学薄化。但对多相材料使用化学薄化法必须慎重，因为多相材料中各组成相的腐蚀倾向是不同的，所以在进行化学减薄时，应注意减薄液的选择。化学减薄的优点是速度快，表面没有机械硬化层，薄化后样品的厚度可以控制在 20～50μm，这样可以为最终减薄提供有利的条件。化学减薄时必须事先充分清洗薄片表面，去除表面油污或其他不洁物，否则将得不到满意的结果。

第三步是最终减薄。最终减薄的方法概括起来可分成两大类：一类是双喷电解抛光腐蚀法，另一类是离子薄化法。双喷电解抛光法用于能用电解抛光腐蚀方法减薄的样品，如金属材料等。离子薄化法用于不能用电解抛光腐蚀法减薄的样品，例如陶瓷、半导体材料等。

1）双喷电解抛光腐蚀法最终减薄

（1）把预减薄后的样品切割成直径 3mm 大小，小心地将样品放入电解抛光专用的样品夹具上。注意样品与铂丝电级要接触良好，样品夹好后要对光检查，不能有透光现象。将夹有样品的样品夹具插入电解液喷嘴之间，使露出的试样与喷嘴在同一水准线上。喷嘴与样品夹具距离大约 15 毫米左右，并使光导纤维管对准试样。调整泵使电解液喷射到样品上。需要在低温条件下电解抛光时，可在电解液中放入干冰或液氮，一般温度控制在－20～－40℃左右，或采用半导体冷阱等专门装置。最佳的电解抛光条件可通过在电解液温度及流速恒定时，测量电流—电压曲线确定。双喷抛光法的电流—电压曲线一般接近直线。对于同一种电解液，不同抛光材料的直线斜率差别不大。采用合适的抛光电流将获得大而均匀的薄区。表 8-2 为某些金属材料双喷电解抛光规范。

表 8-2 某些金属材料双喷电解抛光规范[3]

材料	电解液	技术条件	
		电压(V)	电流(mA)
碳钢和低合金钢	5%高氯酸＋95%酒精 －(20～30)℃	75～100	50～75
不锈钢	5%高氯酸＋95%酒精 －(20～30)℃	75～100	50～75
Ti-51.8%Ni 形状记忆含金	20% H_2SO_4＋80%甲醇 室温	25～30	20
铝及铝合金	30%HNO4＋70%甲醇 －(20～30)℃	20～30	400

（2）设定合适的抛光电压及电流条件，然后调节光导器件的灵敏度，一般来说灵敏度越高，穿孔越小，但样品也可能较厚，所以必须选择合适的灵敏度。

（3）打开泵开始抛光，经过一段时间，样品出现穿孔，泵停止工作并有报警，电解抛光结束。样品制成后应立即把样品夹具投入无水乙醇中清洗，然后打开试样夹，用镊子夹住样品边缘，并在清洁的无水乙醇中进行 4～5 次漂洗，以免残留电解液继续腐蚀金属薄膜表面。从抛光结束到漂洗完毕动作要迅速，争取在十几秒钟内完成，否则样品表面可能会被污染。

（4）样品制成后应立即观察，暂时不观察的样品要妥善保存。可根据薄膜抗氧化能力选择保存方法。若薄膜抗氧化能力强，只要保存在干燥器内即可，也可以放置在无水乙醇中保存。易氧化的样品最好放在真空装置中保存。

双喷法制得的薄膜有较厚的边缘，样品穿孔附近有一个相当大的薄区，可以被电子束穿透，直径 3mm 圆片上的周边类似一个厚度较大的刚性支架，可以直接装入电镜，进行分析观察。由于双喷抛光法工艺规范十分简单，而且稳定可靠，因此它取代了早期制备金属薄膜方法（例如窗口法），成为现今应用最广的最终减薄法。

2）离子减薄法最终减薄

（1）将研磨后的样品切成直径 3mm 的小圆片。

（2）将样品装入离子薄化的特殊夹具中，放入离子薄化装置，调节离子枪与样品之间位置，使两个离子枪发射出的离子束正好打在样品的上下表面。

（3）调节离子束电流及电压，使离子束的束流聚焦，特别注意要避免离子束轰击到样品以外的地方，如样品夹具或工作室内壁，以免造成样品污染。

（4）选择合适的电流及电压，进行减薄。为提高减薄效率，一般情况在减薄初期采用高电压、大束流、大角度（20°），以获得大陡坡的薄化，这个阶段大约占整个制样时间的一半。然后减少高压、束流与角度（一般采用 15°）使大陡坡的薄化逐渐削为小陡坡减薄直至穿孔。穿孔以后以 7～10°的角度、适宜的电压与电流继续减薄，可获得平整而宽阔的薄区。减薄期间要经常打开样品下方的光源，通过样品上方的观察窗，利用放大镜或摄像头观察样品的透光情况。由于离子薄化所需时间较长，即使样品穿孔后也需要再减薄一段时间。

如用双喷法穿孔后样品表面氧化或样品太厚，可用离子减薄法继续减薄直至样品厚薄合适为止。用于高分辨的样品，即使用双喷电解抛光穿孔后也可再进行离子减薄，只要严格按操作规程减薄就可以得到薄而均匀的观察区。离子薄化法的缺点是减薄速度慢，通常制备一个样品需要十几个小时甚至更长，而且样品有一定温升。如操作不当样品会受到辐射损伤。

以上介绍是常规制备透射电镜平面样品（plain-view sample）的步骤和方法，在透射电镜中有时需要对样品截面进行观察，如生长在基底材料上的纳米薄膜，其基底与薄膜的过渡层及对应的晶体结构关系往往是我们感兴趣的研究对象，这时候就必须制备截面样品（cross-section sample）。下面以硅片表面生长的氧化锌薄膜为例简单介绍截面样品的制备过程：

1）首先是样品粘接，将两片硅片生长薄膜的一面以面对面的方式用透射电镜样品专用树脂粘在一起，然后在其两边分别粘上 3～4 片硅片，形成三明治结构如图 8-3a，随后后加热固化，如图 8-3b 所示。

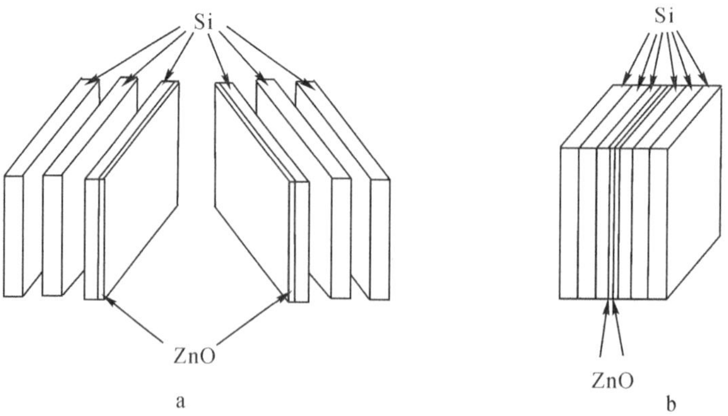

图 8-3　截面样品黏结

2）使用金刚石锯将粘接好的样品切割成 0.5mm 左右的薄片如图 8-4a 所示。然后用超声波切片机切出 3mm 直径的圆片，注意要尽量使样品截面部分通过圆心如图 8-4b 所示。

3）随后使用凹坑仪在圆片样品的正中减薄，使样品截面部分出现凹坑，进一步薄化如图 8-4c 所示。

4）最后采用离子薄化仪减薄样品，直至样品中心出现穿孔。如图 8-4d 所示。

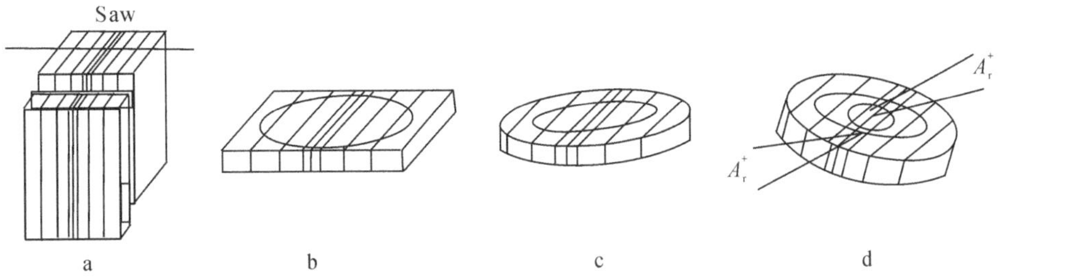

图 8-4　截面样品切割、切片、凹坑、离子减薄

这样制备出的样品，能在截面处找到供观察的薄区，满足分析基底与纳米薄膜过渡层及相互间关系的目的。

五、实验报告要求

实验报告内容包括实验名称、实验内容、实验步骤。

试述双喷电解抛光法及离子减薄法的原理及步骤。

六、实验注意事项

严格按实验指导书中的操作步骤并在指导教师的监督下进行。

实验所用电解液为强氧化剂，在配置过程中必须严格按操作规程做，另外双喷电解抛光时有时要加液氮冷却，要注意防止液氮冻伤。

制备薄膜样品要注意薄膜中的假象，所谓假象就是在材料上不存在，但在薄膜上却显示出来的图像。假象给分析工作带来许多麻烦，如不能正确识别出假象，就会得出错误的结论。假象主要是在制备样品过程中产生的，因此，必须认真制作样品，尽可能避免假象产生。

实验3 透射电镜结构及薄膜样品观察

一、实验目的

1. 熟悉透射电子显微镜的原理和构造。
2. 了解电子显微镜成像原理及不同图像衬度的形成原理。
3. 了解晶体缺陷产生衍衬像的原理

二、实验原理

1. 透射电子显微镜的原理[1]

透射电子显微镜(简称透射电镜)是以波长极短的电子波作为照明源,用电磁透镜聚焦成像的一种高分辨本领、高放大倍数的电子光学仪器。它由电子光学系统(镜筒),电源和控制系统(包括电子枪高压电源,透镜电源,控制线路电源等)和真空系统三部分组成。其中镜筒是透射电镜放大成像的主要部分,主要由照明系统、样品室、成像系统及观察和记录系统几部分组成。它的光路原理与透射型式的光学显微镜十分相似。

透射电子显微镜使用电子枪来获得电子束作为照明源。热阴极加热的电子枪其阴极发射的电子在阳极加速电压(一般120~300kV)的作用下,高速地穿过阳极孔,被聚光镜会聚成很细的电子束照射样品。透过样品的电子束强度取决于样品微区的厚度、平均原子序数、晶体结构或位向的差别。透过样品的电子束进入成像系统,经过物镜聚焦放大后在物镜像平面上形成一幅反映样品微观特征的透射电子像,在物镜的后焦面上形成晶体样品的电子衍射像。透射电子像或电子衍射像再经中间镜和投影镜进一步放大,投射到荧光屏上,透射电子的强度分布转换为人眼直接可见的光强度分布,从而得到一幅具有一定衬度的高放大倍数的图像。

在现有的各种显微镜中,透射电子显微镜性能最高,点分辨本领优于0.1nm,晶格分辨本领可达0.08nm,放大倍数高达上百万倍。而超高分辨本领的透射电子显微镜还能直接显示固体晶格像和结构像,甚至可以用来观察重金属原子像。

2. 透射电子显微镜的结构

本实验采用的是透射电子显微镜,为了确保透射电子显微镜的高分辨本领,透射电子显微镜镜筒要有足够的刚度,一般做成直立积木式结构。其顶部为电子枪,下面依次是聚光镜、样品室、物镜、中间镜和投影镜,最下部是荧光屏和照相装置。这样的结构既便于固定,又利于真空密封。镜筒的复杂程度主要由显微镜的综合性能决定。简易透射电子显微镜(分辨本领劣于5nm),一般只有两个透镜,即物镜和投影镜。普通性能透射电子显微镜(分辨本领在2~5nm),有四个透镜,即单聚光镜、物镜、中间镜、投影镜和相应的机械式或电磁式对中装置。而高性能透射电子显微镜(分辨本领优于1nm)有5~6个透镜,即双聚光镜、物镜、第一及第二中间镜,投影镜和比较完善的机械式或电磁式对中装置。更高性能电镜的还具有单色器、球差矫正系统等。

透射电子显微镜都采用电磁透镜,可以方便地改变相应透镜的激磁电流、照明电子束强度和照明孔径角，以及改变放大倍数或聚焦。利用样品移动系统，可以控制样品在一个精确的平面上平移，以选择不同的视域供观察、记录。如果配备了精密的倾斜样品台，在观察过程可以调节薄晶体以获得最佳的衬度以及在不同位向下的有用资料。环境透射电子显微镜还可在一定的气体环境下观察样品。

为了确保电子枪电极间电绝缘，防止成像电子在镜筒内受气体分子碰撞而改变运动轨迹，减小样品污染，镜筒内接触电子束的部分均需保持高真空，一般优于 $10^{-4}\sim10^{-6}$ mmHg。

三、透射电子显微镜图像衬度

1. 质厚衬度

一定能量的入射电子在照射到样品上时会受到样品内原子核与核外电子的作用，产生弹性散射与非弹性散射。非晶体复型样品成像主要取决于入射电子与试样中原子相互作用所产生的电子散射。当电子束穿过样品时，在样品厚的区域或原子序数大的区域受原子散射程度大，反之则小。在样品下方加入物境光阑，散射角大于光阑孔径角的电子会被光阑挡住或吸收，而不能穿过光阑孔参与成像。而散射角小于或等于光阑孔径角的电子能穿过光阑孔参与成像，因此在荧光屏上就形成了明暗不同的衬度。这就是所谓的质厚衬度效应。图8-5为质厚衬度成像示意图。

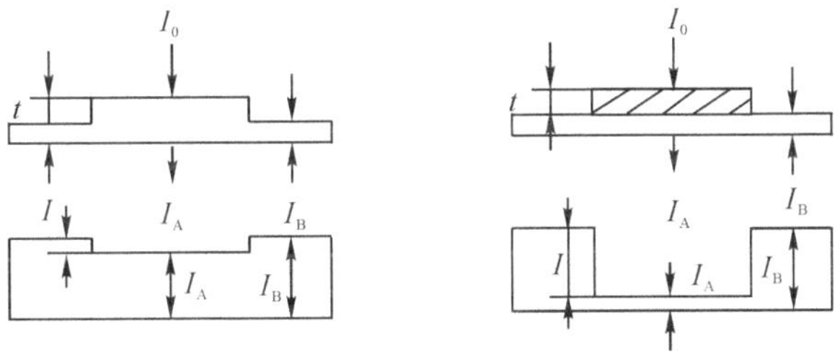

图 8-5　复型样品成像示意图

塑料一级复型或塑料—碳二级复型皆属于“负复型”，即复型表面的凹凸特征正好与试样相反；试样上凸起的，在复型上是凹下的，反之亦然。为了改善复型电子显微镜图像的衬度和立体感，可在复型上进行蒸发重金属的“投影”处理。由于“投影”是在负复型上进行的，所以图像上“亮影”所反映的凹凸情况也与试样表面相反。一般情况下，顺着图像上投影方向看，如果“亮影”在某相轮廓线的前部，该相在复型上是凹下的，在试样上是凸起的；如果“亮影”在相轮廓线的后部，该相在复型上是凸起的，在试样上是凹下的。

2. 衍射衬度成像

衍射衬度成像简称衍衬成像，是由晶体样品上不同部位的结构或位向不同引起衍射强度的差异而形成不同衬度的图像。影响电子衍射的因素都会引起衬度的差别。当电子束穿过晶体样品薄膜时，若某一(hkl)晶面处于或接近布拉格衍射条件，则会产生(hkl)衍射束，在物镜的背焦面上将得到衍射花样。如果此时入射束强度为 I_0，衍射束强度为 I_D，那么在忽略吸收的情况下，透射束强度为(I_0-I_D)，比不产生衍射时的透射束强度弱。晶体取向愈接近布拉格的位置,衍射束愈强,透射束愈弱。如果我们能只让透射束通过物镜光阑成像(即所谓的明场成像),由于试样各处衍射强度不同,就会在荧光屏上产生衬度,即满足布拉格衍射条件区域呈暗区,而不满足布拉格衍射条件的区域由于没有衍射束产生,全部都是透射束成像,所以呈亮区。如果只让衍射束穿过光阑成像(即所谓的暗场成像),则满足布拉格衍射条件区域呈明亮的像,其他不满足布拉格衍射条件的区域呈暗像。显然,这种情况下明场像与暗场像的衬度正好相反。如图 8-6,设想薄膜内有两颗晶体学位向不同的晶粒 A 和 B。在强度为 I_0 的入射电子束照射下,B 晶粒的位向满足所谓的"双光束条件",即晶粒的某一(hkl)晶面组与入射方向满足精确的布拉格衍射角,而其余的晶面组均与衍射条件存在较大的偏差。那么,强度为 I_0 的入射电子束在 B 晶粒区域经过散射之后,将分成强度为 I_{hkl} 的衍射束和强度为(I_0-I_{hkl})的透射束两个部分。假设 A 晶粒内所有的晶面组均与布拉格条件存在较大的偏差,所有衍射束的强度均可视为零。于是,A 晶粒区域透射束强度仍近似等于入射束强度 I_0。若在物镜的背焦面上加进尺寸足够小的光阑(物镜光阑),把 B 晶粒的(hkl)衍射束挡住,而只让透射束通过光阑孔成像,则 A 晶粒是亮的,而 B 晶粒是暗的,形成了不同的衬度。反之只让衍射束通过光阑孔成像,则 A 晶粒是暗的,而 B 晶粒是亮的。

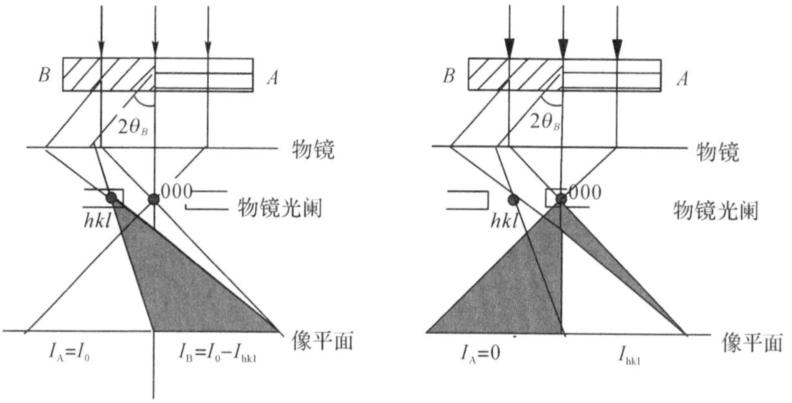

图 8-6　衍衬成像示意图

3. 相位衬度

如果所用试样厚度小于 100nm,甚至 30nm。多束衍射光束穿过物镜光阑彼此相干成像,像的可分辨细节取决于入射波被试样散射引起的相位变化和物镜球差以及散焦引起的附加相位差的选择。相位衬度能直接显示试样原子及其排列状态。一束单色平行的电子波射入试样内,与试样内原子相互作用,发生振幅和相位变化。当其逸出试样下表面时,成为不同于原入射波的透射波和各级衍射波。由于试样很薄,衍射波振幅变化很小,透射波振幅基本上与入射波振幅相同,非弹性散射可忽略不计。衍射波与透射波间的相位差为 $\pi/2$。如果物镜没有像差,且处于正焦状态,而光阑也足够大,使透射波与衍射波得以同时穿过光阑发生相干。相干结果产生的合成波其振幅与入射波相同,只是相位位置稍许不同。由于振幅没变,因而强度不变,所以没有衬度。要想产生衬度,必须引入一个附加相位,使所产生的衍射波与透射波处于相等的或相反的相位位置,这样,透射波与衍射波相干就会导致振幅增加或减少,从而使像强度发生变化,相位衬度才能显示。

综上所述，三种衬度的不同形成机制，反映了电子束与试样物质原子交互作用后离开下表面的电子波，通过物镜以后，经人为地选择不同操作方式所经历的不同成像过程。在研究工作中，它们相辅相成，互为补充，在不同层次上，为人们提供不同尺寸的结构信息，而不是互相排斥。

四、实验步骤

1）打开透射电子显微镜电源和真空系统的机械泵

2）预抽镜筒

3）等镜筒低真空达到要求后，打开扩散泵加热，机械泵抽扩散泵

4）45 分钟后，装入样品，然后抽样品室真空

5）样品室真空达到要求后，打开大阀，待高真空达到时即可打开电子枪电源。

6）移动样品选择合适当观察区域

五、利用不同衬度原理分析样品

1. 复型样品的质厚衬度原理

由于扫描电镜的出现，使复型的应用大为减少，但在某些特殊场合下复型的应用还是必需的，如大型零件出故障后，为了分析原因找出补救措施，可在现场做复型。把零件局部抛光、腐蚀、贴 AC 纸，然后取下复型后拿回实验室做投影喷碳，制成复型样品，就可以观察组织，分析故障原因。这种方法既方便，又不损坏零件。应用萃取复型技术可观察夹杂物或第二相粒子的大小、形态、分布，还可通过电子衍射研究它们的点阵类型和晶体结构，利用能谱等分析其成分。例如合金钢中或多或少地存在着一些非金属夹杂物。在外力作用下，由于它们和基体之间性能上的差异，一般常在它们和基体的界面处产生很大应变，随之形成微裂纹，在材料断裂后，这些杂质一般还保留在断口表面上。用萃取复型方法把这些夹杂物萃取到断口复型上，在观察形貌的同时就可以利用电子衍射技术对它们进行物相鉴定，分析它们的晶体结构。这样就会很容易地把造成断裂的夹杂物大小、分布和结构确定下来。如果在透射电镜上再配能谱仪还可查出夹杂物的成分。作晶体取向关系分析时要注意选区光阑内除基体之外可能有几个沉淀相同时存在，这时产生的衍射花样会叠加，要仔细甄别。可通过对材料、工艺、热处理等分析后确定存在相的类型。

2. 晶体缺陷产生衍衬衬度的原理

晶体缺陷包括位错、层错、晶界、孪晶界、第二相析出物、空位、亚微观孔洞等。总之，一切破坏正常点阵周期性的微观或亚微观结构，均可称为晶体缺陷。若晶体中存在缺陷，由于这些微观缺陷造成微小区域内晶面取向不同，所以衍射条件也不同，因此能够利用衍衬效应观察到这些缺陷。本实验着重讨论最具有代表性的缺陷：位错和层错的衍衬分析。掌握了它们的衬度分类，对其他晶体缺陷的分析，就可以触类旁通，得到启发。

1）缺陷晶体的衍射强度

与理想晶体相比，通常无论何种类型缺陷的存在都会引起缺陷附近某个区域内点阵发生畸变。这种畸变可以用缺陷矢量来描述，缺陷矢量 R 代表原子从它们在点阵中的正常位置产生的位移。由于缺陷矢量的加入，会引入附加相位因子 $2\pi g \cdot R$。在有缺陷存在的情况下，晶体散射的振幅相当于完整晶体散射的振幅受到附加相位因子的修正。在一般情况

下，附加相位因子的引入将使缺陷所在区域点阵发生畸变，有缺陷的区域内的衍射强度有别于无缺陷的区域，从而在衍射图像中获得相应的衬度。

2）晶体缺陷的不可见性判据

缺陷的存在使得晶体的散射振幅受到相位因子 $2\pi g \cdot R = n2\pi$ 的修正，式中 n 可以是整数、零或分数。其中 $g \cdot R = 0$ 的情况在衍衬分析中特别重要，它具有简单的物理含义，即相当于 R 位于反射面内，这时可认为晶体的 d 是不变的，那么透射波与散射波之间的波程差就不受 R 的影响。此时有缺陷的区域和没缺陷的区域就没有了衬度的差别，即在图像中缺陷不可见。由 $g \cdot R = 0$ 所表达的“不可见性判据”，是缺陷的晶体学分析的重要依据。为了进行缺陷的衬度分析，一般还需要知道薄膜的位向、衍射矢量的方向、偏离矢量 s 的符号、薄膜的厚度等。

3）全位错的柏氏矢量测定

对于螺型位错，其引起的晶格畸变的缺陷矢量 R 平行柏氏矢量 b，因此，当 $g \cdot R = 0$ 时，$g \cdot b = 0$ 也为零，此时位错不可见。所以可以由不可见性判据来确定其柏氏矢量 b。

刃型位错会引起晶体沿某个方向的位移，其缺陷矢量分为两个分量，一个分量平行于 b，另一个垂直于滑移面。此时，若 $g \cdot b = 0$，$g \cdot R$ 却不一定为零。因而理论上 $g \cdot b = 0$ 不能作为刃型位错的不可见性判据。

在大多数情况下，晶体中的位错往往是混合型的，即柏氏矢量既不平行，也不垂直于位错线，而是与位错线方向成任意角度。对于任意混合型位错的衬度，要满足更多条件，混合位错才不可见。但在实际观察中，当 $g \cdot b = 0$ 时虽然存在一些残余衬度，由于此衬度很弱，近乎于不可见，因而我们在实际分析中仍可用 $g \cdot b = 0$ 作为刃型位错和混合型位错不可见性的判据来分析位错的柏氏矢量。

4）层错的衍衬分析

在面心立方和密排六方晶体中，常常能观察到层错。以面心立方晶体为例，形成层错有两种可能的方式，一是通过一个全位错在切应力下的分解，在(111)面上生成缺陷矢量 $R = \pm 1/6\langle 112\rangle$ 的层错；二是通过点缺陷的汇集或晶体生长形成 $\pm 1/3\langle 111\rangle$ 型的棱形刃型不全位错环，环内为层错，其 $R = \pm 1/3\langle 111\rangle$。$1/6\langle 112\rangle$ 不全位错称为肖克莱不全位错，$1/3\langle 111\rangle$ 不全位错称为弗朗克不全位错。对于 $R = \pm 1/6\langle 112\rangle$ 和 $\pm 1/3\langle 111\rangle$ 的缺陷，其相位因子 α 可能有两个值，当 $\alpha = \pm 2n\pi$ 时，具有层错的晶柱底部计算出的衍射波振幅和理想晶体晶柱底部的衍射波振幅在大小上并无差别，因此层错不显示衬度。但如 $\alpha = \pm 2n\pi/3$ 时，含有层错的晶柱底部衍射波振幅大小将不同于理想晶体晶柱底部的衍射波振幅，从而在衬度上出现差别。在观察倾斜于膜面的层错时，层错区除了和完整区之间有衬度上的差别外，还会出现整齐的消光条纹。

3. 相位衬度形成的高分辨图像

在高分辨模式中，像平面上图像的衬度来源于样品上不同区域透过的电子（包括散射电子）的相位不同。在这种模式中，样品被看成一个三维的（有时近似为二维）的周期势函数。平面电子波打到样品后，受到该函数的影响，分为透射波（直进电子束）和衍射波。这些电子束穿过样品，从样品下表面出来时，有各自的振幅和相位。它们通过物镜在其后焦面处形成电子衍射花样。这些电子束再向前传播，在像平面成像。如果样品很薄，可以认为样品的作用仅仅是改变入射电子波的相位。于是从样品的不同部位出来的同方向的电子波具有同样的振幅。但如果势场不同，则从势能高的区域产生的透射波和衍射波间的相位改变不同于势能低的区域。由于像平面的图像衬度是样品上某一点发出的透射波与散射波的合成，所以像平面上势能高的区域形成的衬度会不同于势能低的区域。另外从势能相同的位置处（准确地讲，应该叫等效位置）出来的衍射束（包括透射束）之间的相位差是 2π 的整数倍。它们在像平面的合成会形成反映样品中势函数周期性的图像。为消除物镜球差的影响，在拍摄高分辨像时，常采用谢尔茨欠焦的方法。此外样品必须足够薄，同时要处于严格的布拉格衍射。

六、实验报告要求

观察不同的透射电镜样品，根据质厚衬度、衍射衬度、相位衬度原理分析透射电子显微镜图像形成，写出实验报告，报告内容包括实验名称、实验内容、实验结果以及对实验结果的简单分析。

七、实验注意事项

透射电子显微镜是大型贵重仪器，操作时必须十分小心。实验应严格按实验指导书中的操作步骤并在指导教师的监督下进行。

八、思考题

1. 说明几种透射电镜图像衬度的形成原理。
2. 简述晶体缺陷产生衍衬像的原理及不可见性判据。
3. 摄得不同的双束条件下某 f. c. c. 晶体的全位错像三幅如图 8-7，已知 f. c. c. 全位错的布氏矢量包括：1/2[110]、1/2[101]、1/2[011]、1/2[$\bar{1}$10]、1/2[10$\bar{1}$]、1/2[01$\bar{1}$]六种。试确定图中 A、B、C、D、E 五条位错线的布氏矢量。各图左上角为相应的操作矢量。

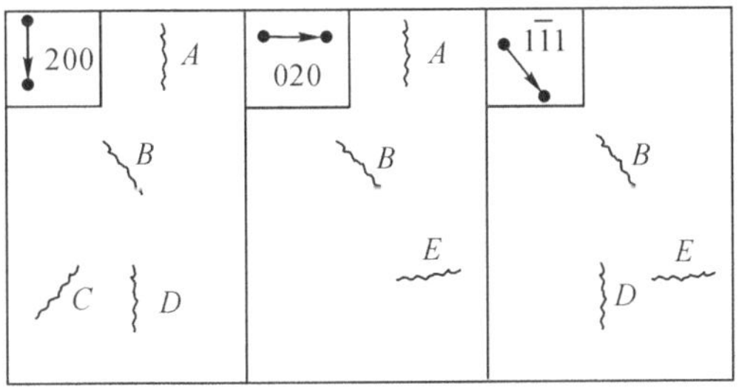

图 8-7　全位错图

实验4　透射电镜电子衍射

一、实验目的

1. 掌握透射电子显微镜选区电子衍射的方法。
2. 学会电子衍射的标定方法。

二、实验原理

1. 选区电子衍射

当透射电镜以成像方式操作时，中间镜物平面与物镜像平面重合。荧光屏上显示样品中某一微区的放大图像。此时，如果在物镜像平面内插入一个孔径可变的光阑（选区光阑），让光阑孔只套住我们感兴趣的那个微区，那么光阑孔以外的成像电子束被挡住，只有进入光阑孔内那个微区的像可以进入中间镜和投影镜参与成像。然后，降低中间镜的激磁电流变为衍射操作，这时只有我们感兴趣的那个微区物点散射的电子波可以通过选区光阑进入下面的透镜系统，荧光屏上所显示的将是只限于所选区域范围内晶体所产生的衍射花样，从而实现了选区形貌观察与衍射的对应。选区电子衍射的特点是能把晶体试样的像与衍射进行对照分析，从而得出有用的晶体学数据，例如微小沉淀相的结构、取向及惯析面，各种晶体缺陷的几何特征及晶体学特征等。

2. 电子衍射花样的标定

多晶电子衍射花样是一系列的同心圆，而单晶电子衍射花样是衍射斑点按周期排列的二维网格，每一个衍射斑点代表样品中的一组晶面，这些晶面都属于同一个晶带，而晶带轴与入射电子束平行。晶体样品的(hkl)晶面处于符合布拉格衍射条件的位置，在不消光时将会在荧光屏上产生衍射斑点，可以证明

$$Rd=\lambda L$$

上式是电子衍射的基本公式，式中R为衍射斑与透射斑间距，d为参加衍射晶体的晶面间距，λ为入射电子束波长，L为样品到底版的距离，称为相机长度。通常L是定值，而λ只取决于加速电压E的大小，因而在不改变E的情况下$K=\lambda L$是常数，叫做电子衍射相机常数。相机常数是电子衍射装置的重要参数。对于一幅衍射花样若知道K值，则只要测出R值就可求出d值，从而为花样指数化打下基础。

三、仪器简介

同本章实验3。

四、实验步骤

1. 选区电子衍射的标准操作步骤

为了确保得到的衍射花样来自所选的区域，应当遵循如下操作步骤：

1)按成像操作得到清晰的图像。

2)插入选区光阑将感兴趣的区域套住，调节中间镜电流使光阑边缘的像在荧光屏上清晰，这时使中间镜的物平面与选区光阑的平面相重叠。

3)精确调整物镜电流使选区光阑内的形貌像清晰，此时物镜的像平面与选区光阑及中间镜的物平面相重合，保证了选区的准确。

4)移去物镜光阑，降低中间镜电流，使中间镜物平面上移到物镜背焦面处，这时在荧光屏上就会看到衍射花样的放大像。在许多电子显微镜中只要在面板上按动“衍射”按钮即可粗略地达到此目的，随后再仔细调整中间镜电流，使中心斑点变得既小又圆。

5)减弱聚光镜电流以减小入射电子束的孔径角，得到尽可能平行的电子束，这样可以进一步减小焦斑尺寸。

只要严格按上述步骤操作，就会保证选区衍射的精确度。为了得到准确的衍射结果，必须获得精确的相机常数，利用已知点阵常数的晶体样品进行相机常数的标定，摄取衍射花样并指数化，所测得的花样 R 与已知的相应晶面间距 d 的乘积即为 K 值。常用的标定样品有金、铝、氯化铊、氧化镁、氯化钠等。测定相机常数的方法有内标法和外标法，内标法是在真空镀膜机内将标样物质直接蒸镀在待测试样上。在做衍射分析时待测晶体和内标物质在相同的实验条件下产生衍射，因而在同一张照片上得到标样和待测物质两种衍射花样的叠加。两者具有相同的相机长度。外标法是用已知晶体结构的金、铝等单独作试样，在标准选区电子衍射操作下得到衍射花样，计算出相机常数，然后在相同的选区衍射操作条件下对分析的晶体做衍射分析，再利用已计算出的相机常数对衍射花样进行分析计算。

相机常数随波长 λ，物镜焦距 f_0，中间镜放大倍数 M_i，投影镜放大倍数 M_p 以及测量误差等的变化而变化，如果能将各误差减到最小，则相机常数总的误差能保证测得的 d 值精度接近0.1%，这虽然不如 X 射线衍射的精度高，但仍能区别晶体结构相同而点阵参数略为不同的两种相。为达到相应的精度要求，应满足下列测试条件：

(1) 稳定高压，以减小电子束波长的波动。一般电镜高压稳定度为 10^5 数量级。

(2) 严格进行选区衍射操作，尽量避免引起各透镜电流波动。

(3) 磁透镜磁滞现象引起误差可以达 2%，因此改变透镜电流时应按固定的操作程序进行。一般规定总是从高电流值减弱到低电流值。

(4) 推导电子衍射基本公式时引入近似关系 $\tan 2\theta \approx 2\sin\theta \approx 2\theta$，当 $2\theta = 5$ 度时，由此引入的误差是0.3%。在测定相结构的电子衍射和取向分析中应用 $Rd = L\lambda$，精度已经足够，如果测定晶体的点阵常数，仍以采用精度更高的 X 射线衍射技术为宜。

实验指出对同一张底片上的同一衍射环，在不同方向，其衍射环直径 D 也略有差别，因而 $L\lambda$ 值也略有不同，这是由中间镜和投影镜(特别是中间镜)的像散造成的。像散会使衍射环变成椭圆。为了消除不同方位 D 值不同的影响，可以用同方位的相机常数计算同方位的衍射谱，而不用平均值。对于不同衍射环直径对相机常数的影响，由于相机常数和 R 一般呈线性关系，可先用已知物质测一条 $L\lambda - R$ 曲线，在分析未知物质的衍射谱时，再从低指数到高指数依次选用相应径向距离 R 处的相机常数进行计算。

五、实验报告要求

根据电子衍射形成原理分析透射电子显微镜电子衍射图像形成，写出实验报告，报告内容包括实验名称、实验内容、实验结果以及对实验结果的简单分析。

六、实验注意事项

透射电子显微镜是大型贵重仪器，操作时必须十分小心。实验应严格按实验指导书中的操作步骤并在指导教师的监督下进行。

七、思考题

1. 叙述选区衍射操作步骤及多晶衍射花样指标化的方法及步骤。

2. 有一单晶电子衍射花样(Al)如图 8-8，试对其指标化。其中 $L\lambda=1.638$mm nm，$R_1=7.0$mm，$R_2=11.4$mm，$R_3=13.5$mm，$R_4=18.0$mm。

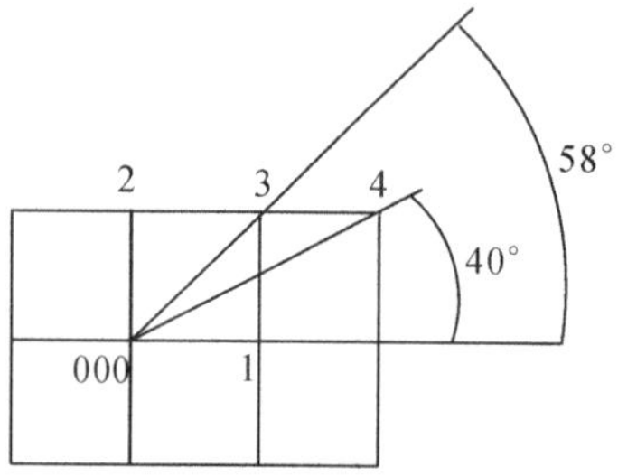

图 8-8　电子衍射图

实验 5　透射电镜样品衍衬像及高分辨像观察(选做)

一、实验目的

1. 了解掌握薄晶体样品系列倾转技术
2. 掌握测定晶体取向的常用方法
3. 掌握从两相合成电子衍射图测定晶体取向关系的方法
4. 掌握测定位错和层错几何参量的实验程序
5. 掌握高分辨像的实验程序

二、实验原理

1. 借助菊池花样及菊池图进行系列倾转

在利用透射电镜进行固体材料的微观组织及晶体结构(或缺陷)的定性及定量分析时,常常需要将样品晶体的某个或某些指定的晶体学方向,调整到与入射电子束方向平行的位置。这种将晶体由一个位向倾转到相邻的一个或几个指定位向的操作,称作系列倾转。

晶体的系列倾转可利用透射电镜双倾台或倾斜旋转台实现。对于大多数晶体样品,如果样品膜厚适中同时没有严重应变,在衍射模式下可观察到清晰的菊池花样。为达到某一给定的位向,晶体所需倾转的方向及角度大小可由相应晶体的菊池图帮助确定。

2. 测定晶体取向关系的方法简述

工程上实际应用的材料,在多数情况下都是由二相或多相组成,各相之间往往存在着某种特定的取向关系。例如,在钢和合金的相变及第二相沉淀析出过程中,新相和母相、析出相和基体之间通常存在一定的取向关系。此外,金属与合金的氧化、半导体的外延生长以及金属材料电镀层的生长等过程中,外延层也总是沿着基底材料的某一晶面和方向生长的。这些表面外延层和基体之间通常也有确定的取向关系。因此,晶体取向关系的测定和研究,不仅对于了解钢和合金的相变及第二相沉淀析出、晶体的外延生长、氧化膜和镀层的形成等微观过程的本质,在理论上具有指导意义,而且对于某些材料的发展及其工艺的合理选择也具有实际价值。测定晶体取向关系的常用方法有 X 射线衍射法和电子衍射法。利用 X 射线衍射法测定晶体的取向关系,能够获得较高的精度。但这种方法的缺点是要求样品是尺寸不小于 0.1mm 的单晶,因而此方法难以用于实用的金属和合金中两相取向关系的测定,在实际应用具有一定的局限性。电子衍射方法与 X 射线衍射法相比具有许多优点:

1) 选区电子衍射可以把选区范围缩小到 1 微米,这个尺寸通常已经小于常见的金属和合金的晶粒尺寸,因此无需特别制备单晶,完全可以使用常规的多晶薄膜样品。

2) 单晶电子衍射图是晶体的二维倒易截面的放大像,因此从两相的合成电子衍射图上,有时可以直观地反映出两相的取向关系。

3) 由于选区电子衍射可以把样品微小区域的结构分析和形貌观察有机地结合起来,因此可以直接观察到两相的形态及新相在母相中的分布。

4) 若电镜配有高温或低温样品台,还可以测定在动态条件下(相变过程中)的取向关系,实现原位观察。

用电子衍射法测定晶体取向关系,既可利用电子衍射斑点图也可利用菊池衍射图。电子衍射法一般又可分为菊池线法、极图法和矩阵分析法。菊池线法的优点是可以精确而唯一地确定晶体取向,精度约为±0.1°～0.5°,缺点是由于菊池线是由发散的点源产生的衍射现象,通常同时有几个晶带参与衍射,因此菊池线纵横交错,多而乱,特别是存在两相的情况下更是如此,这样会给分析测量工作带来一定困难。因此,在相变的取向关系及配位生长的取向关系分析中,仍以斑点衍射图为主。用电子衍射斑点图测定晶体取向的最大缺点是准确度不高,误差为±2°～5°,甚至可能高达±15°,这样得出的取向关系不可避免地存在一定的分散度。极图法要求拍摄大量的衍射照片,通常需要30张甚至更多,然后逐一分析,工作量很大。矩阵能简单方便地表明两种点阵间的对应关系及其指数的变换,利用矩阵方法测定两相的取向关系,可以不需要太多的衍射照片,就能获得比较满意的分析结果。特别是在验证实验结果是否符合已知的取向关系,或预测其中一相的晶带发生变化时,另一相的晶带将如何变化时,矩阵分析法将显示出很大的优越性,而这些工作又恰恰是取向关系分析工作中经常会遇到的问题。

三、仪器简介

同本章实验3

四、实验步骤

1. 系列倾或实现一系列双光束条件

当分析晶体缺陷时,例如位错线的柏氏矢量时,需要拍摄样品上同一视场依次在若干个特定的操作反射下的衍衬像。此时,应首先在衍射模式下将晶体倾转至一低指数的菊池极与电子束方向相近,而后通过位向的微小调整(大约5°～10°)可获得在该菊池极附近的一系列双光束条件。如果这些操作反射还不足以构成确定位错线柏氏矢量的充分条件,可以沿菊池图将晶体样品倾转到相邻的位向。

2. 拍摄立体对照片

利用立体观察镜观察从不同的入射方向拍摄样品同一区域的两张衍衬像照片,可以获得薄样品内晶体缺陷的三维信息(如位错线的走向,小缺陷应变场的范围及缺陷在样品内的深度等)。为使图像细节在立体镜下得以保留并获得清晰的立体效应,这些照片必须是在同一操作反射 g 及相等的偏离参量 s 下拍摄的。s 的大小及符号可以直观地从对应于 g 的这一对菊池线中的亮线与衍射斑点的相对位置来确定。通常获得立体对照片的方法如下:

1) 倾转样品得到双光束条件,借助菊池线调整 s 值,使所研究的缺陷清晰可见。拍摄该区域的明场像及相应的衍射花样。

2) 以菊池线对的法线(即操作反射 g 矢量)的方向为轴倾转样品,使衍射斑及透射斑沿菊池线对移动。到达要求的倾转角度后,调整衍射斑与菊池亮线的相对位置,使其与倾转前的状态一致,即保持相同的 g 和 s,拍摄此条件下的明场象及衍射花样。

3) 根据先后拍摄的这两张含菊池线的衍射花样,或根据双倾台读数计算出样品的倾转角度,利用已知的主体镜放大倍率及缺陷在体视观察时的视差(高度),可对缺陷在薄膜中的空间分布作定量评定。

3. 从晶体某一特定位向到相邻的其他位向

如果样品薄膜位向(与电子束平行的方向)为[101],为测定共存相的位向关系或确定位错柏氏矢量,常常需要将其倾转到相邻位向,如〈111〉、〈112〉或〈100〉,在此情况下,最准确的操作方法就是对照菊池图,找出倾转前后两个菊池极的共有菊池线对,或者找到两者共有的操作反射 g,然后使样品以 g 矢量为轴逐步倾转,即始终保持该菊池线对处于激发状态,并沿其长度方向在荧光屏上移动,直到新的、符合要求的菊池极出现并到达光轴位置为止。样品倾转轴,即两菊池极间共有的操作反射 g 矢量的方向指数可以借用晶带定理计算出来。此时,将两个菊池极对应的倒易面看作晶带内的两个平面,将这两个平面的面指数交叉相乘后相减,即可以得到 g 的方向指数。

上述按照菊池图对样品进行系列倾转的操作,对于准确标定晶体位向无疑是一种可靠的方法。然而,在某些情况下,当需要倾转的角度范围较大(通常可达±35°),而样品晶粒尺寸较小或具有较大应变时,这种沿菊池线对的倾转操作会变得十分困难。因此可采用较为简便的双倾操作模式。

4. 从两相的合成电子衍射图测定两相的取向关系

如果选区区域内的样品由两相或两部分晶体组成,将会获得两相(或两部分晶体)的合成电子衍射图。实际上,两相的合成电子衍射图就是两相晶体的倒易点阵平面的叠加。在有些特殊情况下,可直接由此得出两相的取向关系。利用两相的合成电子衍射图确定两相间取向关系的方法如下:

1) 获得一幅电子束相对于两相均为对称入射的两相合成电子衍射图

2) 从衍射图上分离出两套衍射斑点,并确定它们属于哪一部分晶体,再分别标定两套斑点的指数,求出晶带轴指数$[uvw]$和$[u'v'w']$

3) 在衍射图中找出相互平行的矢量 R_{hkl} 和 $R_{h'k'l'}$,由此得出两相的取向关系为

$$[uvw] /\!/ [u'v'w'], R_{hkl} /\!/ R_{h'k'l'}$$

如果两相间的取向关系不是低指数晶面或晶向的平行关系,或者没能得到低指数晶带的合成电子衍射图,在此情况下,衍射图中可能观察不到两相的重合(或矢量平行)的斑点,两套斑点之间看起来似乎毫无联系。对于这样的两相合成电子衍射图,则很难直接从中得出两相的取向关系,必须借助于其他方法。

5. 全位错的柏氏矢量测定

1) 选择厚度合适的区域,即对低指数反射,厚度为 $3\sim8\xi_g$(消失距离)。该区域应该不存在弯曲消光条纹,以防止 s 通过条纹时发生变化;

2) 利用倾转技术或其他方法排除 180°不唯一性,确定晶体相对于电子束的位向;

3) 通过倾转样品台,选择位错对应不同操作反射 g_1、g_2、g_3 的衍衬像及相应的衍射照片。g_1 对应于某位错存在,g_2、g_3 对应于该位错消失。显然,此位错的柏氏矢量 b 既在(g_2),也在(g_3)反射面上,故 b 一定是(g_2)、(g_3)反射面的晶带轴方向。拍照时,注意应满足双束条件,即在选区电子衍射中,亮菊池线应紧靠强衍射斑点的外侧。同时应尽可能选择低指数反射。

6. 高分辨像

高分辨像主要有晶格条纹像,一维结构像,二维晶格像(单胞尺度的像),二维结构像(原子尺度的像;晶体结构像)以及特殊像等多种:

1）晶格条纹像：如果用物镜光阑选择后焦平面上的两个波来成像，由于两个波的干涉，得到一维方向上强度呈周期变化的条纹花样，就是晶格条纹像。晶格条纹像不要求电子束准确平行与晶格平面。常用于微晶和析出物的观察，可以揭示微晶的存在以及形状，它不能获得结构信息。但可通过衍射环的直径和晶格条纹间距来获得。

2）一维结构像：如果倾斜晶体，使电子束平行于样品的某一晶面入射，就可以获得一维衍射条件的花样，使用这种衍射花样，在最佳聚焦条件下拍摄的高分辨像为一维结构像。一维结构像不同于晶格条纹像，它含有晶体结构的信息，即将观察像与模拟像对照，就可以获得像的衬度与原子排列的对应关系。

3）二维晶格像：如果电子束平行于样品的某晶带轴入射，就可以满足二维衍射条件的衍射花样。在透射波附近出现反映晶体单胞的衍射波，在衍射波和透射波干涉生成的二维像中，能观察到显示单胞的二维晶格像。该像虽然含有单胞尺度的信息，但不含原子尺度的信息，称为晶格像。

4）二维结构像：在分辨率允许的范围内，尽可能多地利用衍射波成像，就可以使获得的像中含有单胞内原子排列的信息。一般结构像只有在比较薄的区域才能观察到，并要满足一定条件，如谢尔茨欠焦量等，但对于轻元素在较厚的区域也可以观察到结构像。

高分辨像成像技术的关键技术有以下几个：1.电镜准确合轴；2.电压中心对中；3.物镜消像散；4.得到正带轴电子衍射花样，但在对纳米粒子的观察中，这一点不是十分重要，因为粒子是随机排列的，只要观察的粒子足够多，一般总能找到符合衍射条件的粒子；5.最关键的是必须要有一个合适的欠焦量。

高分辨像的晶格像可用来直接观察孪生、晶粒间界以及长周期层状晶体结构的多型体等。结构像显示了晶体结构中原子或原子团的分布，既可以验证X射线结构分析或电子衍射分析的结果，又可以确定新的结构。同时它给出的是几个纳米范围内的局部结构，而不是像X射线衍射那样给出的是成千上万个晶粒的平均结构，因此特别适宜于晶体结构中各种缺陷及精细结构的研究，以及对晶体表面结构的观察，如单个空位、层错、畴界面和表面的原子组态等。

五、实验报告要求

利用本文介绍菊池图法或双倾操作模式将薄晶体样品倾转至与其法线位向相邻的至少四个低指数位向，写出上述两种操作方法的优缺点及晶体样品在不同位向的衍衬像的变化情况。

六、实验注意事项

透射电子显微镜是大型贵重仪器，操作时必须十分小心。实验应严格按实验指导书中的操作步骤并在指导教师的监督下进行。样品倾转时必须注意倾转角度不可过大，以免损坏设备。

实验6 扫描电镜结构、原理及应用

一、实验目的

1. 了解扫描电镜仪器结构。
2. 了解扫描电镜图像成像原理和分析方法。

二、实验原理

扫描电子显微镜利用细聚焦电子束在样品表面逐点扫描，高能电子束与样品相互作用产生各种物理信号，这些信号经检测器接收、放大并转换成调制信号，同步地调制荧光屏，最后在荧光屏上显示出反映样品表面各种特征的图像。扫描电镜具有景深大、图像立体感强、放大倍数范围大、分辨率高、样品室空间大且样品制备简单等特点，是进行样品表面研究的有效分析工具。

三、仪器简介[3]

扫描电镜的结构分为五部分：电子光学系统，扫描系统，信号接收和显示系统，样品台及真空系统。

1. 电子光学系统

这部分主要由电子枪和电磁透镜组成。电子枪能提供一个稳定的电子源，如热阴极电子枪，其阴极发射电子，在阴极和阳极间加有高压，这些电子向阳极做加速运动，就形成了电子束。电子枪灯丝可以是钨，此外还有 LaB_6 电子枪和场发射电子枪，它们可发射比钨灯丝电子枪更亮的电子源。

电子束在高压电场作用下，被加速通过阳极中心孔进入电磁透镜系统，该系统由聚光镜和物镜组成，其作用是依靠透镜的电磁场与运动电子相互作用使电子束聚焦，电子枪发射的电子束约 10～50μm，经过电磁透镜系统后压缩成 5～20nm，缩小约 1/10000。聚光镜可以改变入射到样品上电子束流的大小，物镜决定了电子束束斑的直径。

电子光学系统中存在球差、色差、像散等，这些都会影响最终图像的质量。通常球差的产生是由于远离光轴轨迹上运动的电子比近轴电子受到的聚焦作用更强。克服的方法是在电子光学的光轴中加三级固定光阑和物镜光阑挡住发散的电子束，光阑通常采用厚度为0.05mm的钼片制作，物镜产生的像散用消像散器提供一个与物镜不均匀磁场相反的校正磁场，使物镜最终形成一个对称磁场，产生一束细聚焦的均匀电子束。

2. 扫描系统

扫描系统主要包括扫描发生器、扫描线圈和放大倍率变换器。扫描发生器由 X 扫描发生器和 Y 扫描发生器组成，产生不同频率的锯齿波。锯齿波信号同步地送入镜筒中的扫描线圈和显示系统 CRT(阴极射线管)中的扫描线圈上。镜筒的扫描线圈分上、下双偏转扫描装置。其作用是使电子束正好落在物镜光阑孔中心，并在样品上进行光栅扫描。配置附件可对下扫描线圈加以控制，开展选区电子通道花样的工作。电子束扫描方式分点扫描、线扫描、面扫描三种类型。

扫描电镜图像的放大倍率是通过改变电子束的偏转角度来调节的。放大倍数等于CRT面积与电子束在样品上扫描面积之比，减小电子束在样品上扫描面积，就可增加放大倍率。电子束在样品上的扫描面积，由扫描线圈产生的激励磁场控制，可以连续调节，所以扫描电镜的放大倍率是可以连续调节的。

3. 信号接收和显示系统

高能电子束与样品相互作用会产生各种信息，如背散射电子、二次电子、吸收电子、透射电子、特征X射线、俄歇电子等。在扫描电镜中采用不同的探测器接收这些信号。二次电子的探测系统包括静电聚焦电极(收集极)，闪烁体探头，光导管，光电倍增管和前置放大器。二次电子在收集极的作用下(+500V)，被引导到探测器，打在闪烁体探头上，探头表面喷涂厚约数十纳米的金属铝膜及荧光物质。在铝膜上加+10kV高压，以保证静电聚焦极收集到的绝大部分电子落到闪烁体探头顶部。在二次电子轰击下，闪烁体释放出光子束，它沿着光导管传到光电倍增管的阴极上。光电倍增管通常采用多极百叶窗式倍增极，总增益在10^5～10^8。光电阴极把光信号转变成电信号并加以放大输出，进入视频放大器直至CRT的栅极上。显示屏上信号波形的幅度和电压受输入二次电子信号强度调制，从而改变图像的反差和亮度，形成图像衬度。

一般的扫描电镜二次电子探测器均在物镜下面，也有部分扫描电镜有两个一次电子探测器，一个在物镜下面，一个在物镜上面。当样品置于物镜内部时焦距极短，使像差达到最小的程度，可以得到高的分辨率图像。

4. 样品台

大多数扫描电镜样品台是拉出型的，可沿X、Y两个方向平移，还可让样品绕轴倾斜，在水平面上旋转。为了扩大扫描电镜的应用范围，出现了多种样品台，如半导体器件及集成电路测试样品台，大角度倾斜台，透射电子样品台，大尺寸样品台，拉伸样品台，加热样品台，冷却样品台，样品台自动移动装置等。其中拉伸样品台在材料学科应用较多，它可以在图像观察的同时，进行样品拉伸、压缩性能试验。

5. 真空系统

扫描电镜通常采用一个机械泵和扩散泵或分子泵形成真空系统，极限真空度可达10^{-8}毛。真空系统的工作自动进行并有保护电路，达不到高真空则高压加不上。扩散泵冷却水断路或水压不足全机电源自动切断，扩散泵温度过高也自动断电并报警。电子枪灯丝更换有单独的电子枪室与主机镜筒隔离，更换灯丝后数分钟内电子枪即可达到高真空。同样，更换样品时，样品室与主机镜筒也是隔离的，换好样品后，镜筒再抽到高真空。

四、实验步骤

1. 样品制备

扫描电镜的优点之一是样品制备简单，对于新鲜的导电断口样品不需要做任何处理，可以直接进行观察。但在有些情况下需对样品进行必要的处理。

1）样品表面附着有灰尘和油污，可用有机溶剂(乙醇或丙酮)在超声波清洗器中清洗。

2）样品表面锈蚀或严重氧化，采用化学清洗或电解的方法处理。清洗时可能会失去一些表面形貌特征的细节，操作过程中应该注意。

由于二次电子的非弹性散射主要发生在样品导带电子中，金属导带电子很多，而绝缘体中却很少，会影响图像质量。另外大块样品中电荷积累将产生放电现象，会影响观察和记录。因此不导电的样品在观察前要在表面喷镀导电金属，喷镀在真空镀膜仪或真空溅射仪中进行。喷镀的金属有 Au，Pt-Pd 等，也可喷镀一层碳。断口表面喷镀不宜太厚，一般掌握在 5～10nm 为好。厚度测定用喷镀颜色来判定，也可以用喷镀金属重量来计算。

2. 实验参数的选择[3]

扫描电镜所需的加速电压一般比透射电镜要低得多，大致约在 1～30kV，实验时可根据被分析样品的性质适当地选择，最常用的加速电压在 20kV 左右。扫描电镜的图像放大倍数在一定范围内(几十倍到几十万倍)可以实现连续调整。扫描电镜的电子光学系统与透射电镜有所不同，其作用仅仅是为了提供扫描电子束，作为使样品产生各种物理信号的激发源。扫描电镜最常使用的是二次电子信号和背散射电子信号，前者用于显示表面形貌衬度，后者可用于显示原子序数衬度。

1）加速电压选择

加速电压高时，电子束的直径变小，使分辨率增加，但是分辨率还取决于能够获得的对比度和像素等因素。低加速电压观察也有许多优点，如降低边缘效应，消除下层结构引起的干扰，看到更多的表面细小形貌，某些不导电的样品还可在低加速电压下直接观察。

2）束流选择

在加速电压和物镜光阑孔径固定的情况下，调节聚光镜电流可以改变束流大小，聚光镜励磁电流越大，电子束直径就越小，从而使分辨率提高。束流减小使二次电子信号减弱，噪音增大。过大的束流会使边缘效应增大，带来过强的反差，要获得最佳的图像质量，必须兼顾电子束直径和足够强的二次电子信号二方面的要求。

3）物镜光阑和工作距离的选择

光阑孔径越小，景深越大。工作距离(WD)是指物镜下极靴端面到样品表面的距离，通过样品移动装置 Z 轴旋钮来调整。在相同的物镜光阑孔径条件下，增大工作距离使景深增加。通常工作距离用 10 或 15mm，要求高分辨率时采用 5mm 以下，要求加深景深时采用 30mm。由于二次电子像衬度与电子束入射角度有关，入射角越大，二次电子产生得越多，像的衬度越好，所以较平坦的样品应加大倾斜角度观察。

4）像散校正

在电子光学系统中所形成的磁场或静电场不能满足轴对称的要求，就会产生像散。静电场引起像散的主要原因是电子通道周围被污染，特别是物镜光阑被污染时将产生严重的像散。像散的特征是在过焦和欠焦时图像细节在互为 90°方向上拉长。像散校正采用消像散器，方法是利用聚焦钮找出像散最大时的两个位置，将聚焦钮置于中间位置，然后反复调消像散钮，直至调到图像最清楚为止。像散特别严重时应该清洗镜筒和物镜光阑。

3. 二次电子像观察

二次电子信号是高能电子束轰击样品，造成样品原子电离后产生的电子，主要是价电子的电离。当这些电子的能量大于材料的逸出功，就能跑出样品表面被检测到。二次电子来自于样品表面层 5～10nm，信号的强度对样品微区表面相对于入射束的取向非常敏感，随着样品表面相对于入射束的倾角增大，二次电子的产额增多。因此，二次电子像适合于显示表面形貌衬度。

二次电子像的分辨率较高，一般约在 3～6nm。其分辨率的高低主要取决于束斑直径，而实际上真正达到的分辨率与样品本身的性质、制备方法，以及电镜的操作条件如高压、扫描速度、电子束强度、工作距离、样品的倾斜角等因素有关，在最理想的状态下，分辨率可达 0.8nm。

利用试样或构件断口的二次电子像所显示的表面形貌特征，可以获得有关裂纹的起源、裂纹扩展的途径以及断裂方式等信息，根据断口的微观形貌特征可以分析裂纹萌生的原因以及断裂机制。如在解理断口上存在有许多台阶，在解理裂纹扩展过程中，台阶相互汇合形成河流花样，这是解理断裂的重要特征。准解理断口中有许多弯曲的撕裂棱，河流花样由点状裂纹源向四周放射。沿晶断口特征是晶粒表面形貌组成的冰糖状形态。韧窝则是在断口上分布着许多微坑，在一些微坑的底部可以观察到夹杂物或第二相粒子。疲劳裂纹扩展区断口存在一系列大致相互平行、略有弯曲的条纹，称为疲劳条纹，这是疲劳断口在疲劳裂纹扩展区的主要形貌特征。通常解理、准解理和韧窝型属于穿晶断裂，沿晶断口的裂纹扩展是沿晶粒表面进行的。

4. 原子序数衬度

原子序数衬度是利用对样品表层微区原子序数或化学成分变化敏感的物理信号，如背散射电子、吸收电子等作为调制信号而形成的一种能反映微区化学成分差别的图像衬度。实验证明，在实验条件相同的情况下，背散射电子信号的强度随原子序数增大而增大。在样品表层平均原子序数较大的区域，产生的背散射信号强度较高，背散射电子像中相应的区域显示较亮的衬度；而样品表层平均原子序数较小的区域则显示较暗的衬度。由此可见，背散射电子像中不同区域衬度的差别，实际上反映了样品相应不同区域平均原子序数的差异，据此可定性分析样品微区的化学成分分布。吸收电子的产额与背散射电子正好相反，因此吸收电子像显示的原子序数衬度与背散射电子像相反，平均原子序数较大的区域图像衬度较暗，平均原子序数较小的区域显示较亮的图像衬度。

5. 动态拉伸样品台

动态拉伸样品台拉伸样品台采用在样品两端加载的方法，包括拉伸台主体，半导体压力传感器，直流电压放大器。加载方式用手动旋杆通过万向节和齿轮传到样品两端的夹头上，压力传感器置于一端夹头之中，用导线将传感器信号传到直流电压放大器，通过数字电压表反映载荷大小。按照样品台对样品尺寸的要求，制成拉伸样品。将样品夹持在拉伸台夹头之中，把电镜原样品台在电镜真空全破坏状态下拉出，将拉伸台换上抽至高真空。校正直流电压放大器零点及增益。然后一方面旋动拉伸台加力旋钮拉伸样品，一方面通过电镜显示系统对样品形变过程进行观察。同时还可用录像装置录动态变形过程，用照相单元拍下变形过程。还可利用记录仪记录载荷变化和位移变化。这种实验由于能在拉伸或压缩过程中分析样品显微组织的变化，在金属材料、复合材料、纤维等学科有着重要的用途。

五、实验报告的要求

说明扫描电子显微镜与透射电子显微镜相比有哪些特点

说明二次电子像成像过程。

六、实验注意事项

扫描电子显微镜是大型贵重仪器,操作时必须十分小心。实验应严格按实验指导书中的操作步骤并在指导教师的监督下进行。样品台移动装置操作时必须十分小心以免碰坏探测器。

实验 7　电子探针结构、原理及应用

一、实验目的

1. 了解电子探针分析原理。
2. 了解电子探针结构和分析方法
3. 通过实际分析明确电子探针的用途、样品的制备以及分析电子探针数据的方法
4. 结合实例分析，学会正确识别和分析能谱检验结果。

二、实验原理

电子探针X射线显微分析仪(简称电子探针)是利用被聚焦到1微米左右的电子束，激发样品中元素的产生特征X射线，再由X射线谱仪及计算机分析特征X射线的波长和强度，从而对体积约为几个立方微米的微小区域进行成分定性和定量分析的仪器。电子探针分为波谱仪、能谱仪、俄歇谱仪等，本实验主要介绍能谱仪。由于电子探针在分析过程中有不破坏样品，制样简单，分析精度高等优点，而且在微区成分分析的同时，可以观察样品表面形貌，因此电子探针的应用范围非常广大。目前除在材料、冶金和地质方面应用较多外，在陶瓷、建材、半导体、玻璃、生物、医学等领域也有许多应用。在工厂中有关材料和产品的质量检验也有广泛的用途。

在高能量电子束照射下，样品原子受激发产生的特征X射线是一种电磁辐射，可以用两种方式描述。若将其看成连续的电磁振动，则它是具有固定波长的电磁波。每种元素各有其特征X射线波长，可利用已知晶面间距的分光晶体，根据布拉格公式分别鉴定，这就是X射线波谱分析。另一方面，如果把X射线看成由不连续的光子组成的射线。每个光子能量为 E

$$E=hv$$

式中 h 为普朗克常数，v 为光子振动频率。特征X射线的光子有一定的振动频率，即具有一定的能量，而每种元素的特征X射线能量不同。因此，如果能测出X射线光子的能量，同样可以达到鉴定化学成分的目的。这就是X射线能谱分析。

X射线光子射入探测器内，激发出一定数量的电子—空穴对。发生一个电子—空穴对的最小能量是一定的，因此入射X射线光子的能量越高，激发电子—空穴对的数量就越大。探测器收集电子—空穴对，经前置放大器转化为电流脉冲，电流脉冲的高度取决于电子—空穴对数量的大小。脉冲讯号在进一步放大以后被馈入单道或多道脉冲分析器(PHA)，按它们的高度分类计数，即可由计算机处理后显示X射线谱。

三、分析方式

由于在扫描电镜和透射电镜上的能谱分析可将材料内部组织的微观形貌、晶体结构和化学成分的分析结合进行，因而，它是研究材料微区成分最有放的手段之一，广泛用于确定合金中：析出相或夹杂物的成分(并可进而确定其分子式)，研究合金中元素分布情况和偏

析，以及研究热处理及化学热处理过程中元素的扩散规律。能谱仪探头在接收光子信号时不像波谱仪的分光晶体那样要求严格的聚焦条件，因而可以方便地用来研究断裂面上的各种析出物或夹杂物成分，为断裂物理的研究及实物零件的失效分析提供了有力的工具。

1. 定性分析

根据样品反射的特征 X 射线的波长及能量，将其一一区分开来，并以此确定样品中含有的元素成分，称为定性分析。电子探针的定性分析主要有三种方式：

1）点分析

用光学显微镜或电子显微镜观察样品，将电子束固定在感兴趣的点，激发这一点中的所有元素产生特征 X 射线，用谱仪探测，根据谱线峰值位置的波长或能量确定试样分析点中含有的元素。并进行定量计算。点分析是电子探针最重要也是最常用的工作方式。

2）线分析

使聚焦电子束在试样观察区沿选定直线进行慢扫描，X 射线谱仪处于探测某一个或几个元素特征 X 射线的状态，可以得到这一个或几个元素在选定直线上的分布，这称为线分析。线分析对于测定材料相界和晶界上的富集和贫化特别有效，

3）面分析

电子束在试样表面作光栅扫描，把 X 射线谱仪处于探测某一元素特征 X 射线的状态，在荧光屏上可以得到该元素的面分布图像，称为面分析。图中亮区表示这种元素含量高。如果在同一样品位置上，把 X 射线谱仪处于探测另一元素特征 X 射线的状态，则可获得同一区域另一元素的浓度分布图。

2. 定量分析

除了定性分析外，电子探针还能进行定量分析。定量分析的原理是首先测定样品中某元素的特征 X 射线强度，然后在同样条件下测定该元素纯样品的特征 X 射线，扣除背底和计数器死时间的影响，得到的二者强度比就是理想情况下该元素在试样中的含量。但实际上还必须进行各项修正，常规采用的是原子序数(Z)修正、吸收(A)修正和二次荧光(F)修正，称为 ZAF 修正，这些通常都由计算机完成。

四、仪器简介

定性及定量分析的全部操作计算均由计算机按给定的程序自动进行。本实验将对能谱仪的结构原理和操作分析方法作简要说明。作为微区化学成分的分析仪器，能谱仪在绝大多数情况下都是作为扫描电镜或透射电镜的附件而使用的，因此，它同透射电镜及扫描电镜共用一个电子光学系统，可在分析样品表面形貌或内部结构的同时，探测感兴趣的某一微区的化学组成，X 射线检测器即探头固定在电镜的镜筒上。总机箱内容纳了模数转换器、多道脉冲高度分析器、软盘驱动器和计算机。按照各部件的功能，可将能谱仪分为控制及指令系统、X 射线信号检测系统、信号的转换及贮存系统和结果的输出及显示系统等四部分。计算机发出指令，调用分析计算所需的各种程序以及回答计算机提出的问题等。

1）X 射线信号检测系统

包括 Si(Li)固体探头、场效应晶体管、前置放大器及主放大器等主要器件，其作用是将接收的 X 射线信号进行转换和放大，得到与 X 光子能量成比例的电压脉冲信号。

2）信号转换及分类、贮存系统

即多道脉冲高度分析器（简称多道分析器，Multichannel Analyzer，MCA）。它包括模数转换器（Analog-to-DigitaI Converter，ADC）及贮存器等部件，其主要作用是将主放大器输出的电压脉冲信号转换为高频时钟脉冲数，并将其贮存到代表不同能量值的相应通道中，完成对不同能量的 X 射线光子的分类和计数。

3）结果的输出及显示系统

包括喷墨打印机及视频显示器，可将成分分析结果以文本形式打印输出，或以谱线图像形式显示在荧光屏上，并可进行拍照记录。

五、实验步骤

1. 开电镜，打开能谱计算机，确定能谱状态正常
2. 通过电镜观察样品
3. 选择要分析的区域
4. 将电子束会聚为一点，定在要分析的区域
5. 观察能谱计数率，一般必须在 700～2000 之间
6. 采谱 1～2 分钟
7. 进行定性和定量分析
8. 在一个样品中选择 1～2 个成分进行线扫描分析
9. 在一个样品中选择 1～2 个成分进行面扫描分析

六、注意事项

1. 虚假峰的分析和鉴别

能谱图中的虚假峰主要来自叠加峰、逃逸峰、硅峰以及来自样品上测定区域以外的小峰等。另外电镜工作时，镜筒中往往存在着未被聚焦的杂散电子及镜筒中各部件受电子激发产生的杂散 X 射线。这些杂散信号会使非检测区的某些元素也受激产生特征 X 射线，混入检测器探头中，产生错误的结果。

通常电镜的样品台是用铜合金制作的，因此能谱曲线上总是有铜的特征峰出现。而当样品本身含铜，或欲判断样品是否含铜时，就会造成麻烦。如用低原子序数的材料，如铍或碳做样品台，由于这些元素的特征 X 射线能量低，易被吸收，所以不会对样品的分析结果造成干扰。

大致上，探头所接收的 X 射线可能来自下述六个方面 1）来自待测样品区域；2）来自待测样品区域的邻近地区（由于准直性不良或电子束展宽）；3）由于电子束受聚光镜散射而产生的 X 射线；4）电子束受样品散射后在物镜极靴上产生的 X 射线；5）由于透射电子在样品台上激发的 X 射线；6）连续 X 射线而引起的样品及环境的荧光 X 射线。

因此，利用能谱仪对未知成分的样品进行化学成分的定性分析是一项十分精细的工作，尤其是对能谱中出现的一些小峰要作慎重的分析判断。

2. 在进行 X 射线能谱分析时，要获得准确的定量分析数据，除了正确选用 ZAF 修正公式和有关参数外，还必须注意下列因素的影响：

（1）样品污染：电子束使镜筒中的气体，主要是碳一氢化合物电离，并在样品上的电子

束照射区堆集起来，形成非晶质的碳层。入射电子束愈细，污染物便愈集中，影响也愈严重。污染的另一来源是样品安放前一般都用酒精或其他溶剂清洗过，在电子束照射下，碳便沿样品表面往电子束照射区迁移和聚集，形成非晶质的碳层。上述污染将在样品表面产生污染斑，它对分析结果的影响表现在使电子束扩展，造成样品上受激发区大于所选定的尺寸，产生一些不应有的信号，同时污染使电子束进入样品前受到散射，降低入射电子的能量，使信号的峰值强度改变，分析结果产生误差。

为消除镜筒中气体引起的污染，可采用高真空技术，同时可预先对样品进行加热或蒸发处理，还可用大面积的强电子束照射样品，迫使污染物粘牢在样品表面，防止以后这些污染物向被检测区集中。采用带液氮冷阱的样品台及尽量缩短分析时间，都将大大降低样品表面的污染程度。

(2) 样品化学成分的影响：在电子束照射下，镜筒气体中的 CO、H_2 和水蒸气等被电离，并和样品表面上被照射区的物质相互作用。由于元素化学性质的差异，其中一种或几种元素将优先从样品表面被剥离，从而影响分析结果。

(3)样品制备过程的影响：在用电解抛光法减薄样品的过程中，常常在样品表面产生很薄一层异物，它将对 X 射线计数值产生影响。样品愈薄，影响愈明显。

(4)样品厚度及被检测区环境的影响：由于入射束电子在穿过样品时受到多次散射，使电子束变宽，从而使成分分析的空间分辨率降低或使产生信息的体积大于要求的区域，这些都会增大分析误差。因此，为得到准确的分析结果，应尽可能采用细电子束及薄样品。被分析区样品厚度应不超过电子束直径的 3～4 倍。

七、实验报告要求

对 1～2 个样品采谱并保存，首先进行自动定性分析，然后进行手工定性分析，对结果进行定量分析。写出实验报告，报告内容包括实验名称、实验内容、实验结果以及对实验结果的简单分析。有条件可进行线分析及面分析。

八、实验注意事项

电子探针是大型贵重仪器，操作时必须十分小心。实验应严格按实验指导书中的操作步骤并在指导教师的监督下进行。Si(Li)检测器前的铍窗非常薄移动样品操作时必须十分小心以免碰坏探测器。

本章参考文献

[1] 陈世朴，王永瑞．金属电子显微分析．北京：机械工业出版社，1982

[2] 谈育煦．金属电子显微分析．北京：机械工业出版社，1989

[3] 洪班德，崔约贤．材料电子显微分析实验技术．哈尔滨：哈尔滨工业大学出版社，1990

第九章　材料的磁学性能

一、实验目的

1. 通过实验了解磁性材料的磁滞回线和磁矩温度曲线的测定方法；
2. 了解振动样品磁强计的工作原理；
3. 结合实验结果分析磁性材料的表征参数。

二、实验原理

1. 磁滞回线

磁性材料中的磁矩在没有外加磁场的情况下会随机分布在各个方向上，因此，它在宏观上不会表现磁性，即磁化强度大致为零。当在该磁性材料加上一定的外加磁场的时候，材料中的磁矩会随着外加磁场的逐步增大而逐步靠近外场的方向，这样它宏观的磁化强度 M 也随着外场的增大而逐步增大，这一段为初始磁化曲线（如图 9-1 所示）。当外加磁场达到一定值的时候，磁性材料内部的磁矩的方向基本上都与外场相同，磁化强度 M 不再随着外场的增加而变化，这就达到了一个磁化饱和状态，该 M 值为饱和磁化强度（M_s）；随后，将外场的强度逐步减小至零，材料的磁化强度不会回到零，而是有一个正值，该磁化强度就称为剩余磁化强度（M_r）；之后，将外场方向反转，磁化强度 M 随着反向磁场的增大而逐步减小，当磁化强度为零的时候，该处的外场强度即为矫顽力（H_c）。之后，同样在达到了反向饱和磁化之后，逐步降低外场大小至零后，再正向增加到饱和之后减小到零，从而形成了一个如图 9-1 所示的回线，这就是一典型的磁滞回线。

本实验利用振动样品磁强计来测量磁滞回线。它是基于电磁感应原理制成的、用来测量材料磁矩大小的专用设备。如图 9-2 所示，设磁性为各相同性，且置于均匀磁场中。如果样品的尺寸远小于样品到检测线圈的距离，则样品可近似于一个磁矩为 m 的磁偶极子，其磁矩在数值上等于样品中心的总磁矩，而样品被磁化产生的磁场，等效于磁偶极子取平行于磁场方向所产生的磁场。当样品沿着检测线圈方向作小幅振动时，则在线圈中感应的电动势正比于在 x 方向的磁通量 Φ_s 变化：

$$e_s = -N\left(\frac{\mathrm{d}\Phi_s}{\mathrm{d}x}\right)_{x_0}\frac{\mathrm{d}x}{\mathrm{d}t} \tag{9-1}$$

式中：N 为检测线圈匝数。样品在 x 方向以角频率 ω，振幅 δ 振动，其运动方程为

$$x = x_0 + \delta\sin\tilde{\omega}t^{*} \tag{9-2}$$

设样品中心的平衡位置为坐标原点，则线圈中的感生电动势为

$$e_s = \frac{3}{4\pi}\mu_0\tilde{\omega}\delta V_s M_s NA\,\frac{z_0(r^2-5x_0^2)}{r^2}\cos\tilde{\omega}t \tag{9-3}$$

式中：r 为小线圈位置；A 为线圈平均截面积；V_s 为样品的磁化强度。从上述公式中，检测线圈中的感生电动势正比于样品总磁矩 M_s 及其振动频率 ω 和振幅 δ，同时和线圈的匝数、大小形状及线圈和样品间的距离有关。因此将线圈的几何因素和样品间的距离固定，样品的振幅和频率也固定，则感生电动势仅和样品的总磁矩成正比。经过定标以后，就可以根据感生电动势的大小推知样品的总磁矩，将总磁矩除以样品的体积或质量，就可以得出样品的磁化强度了。

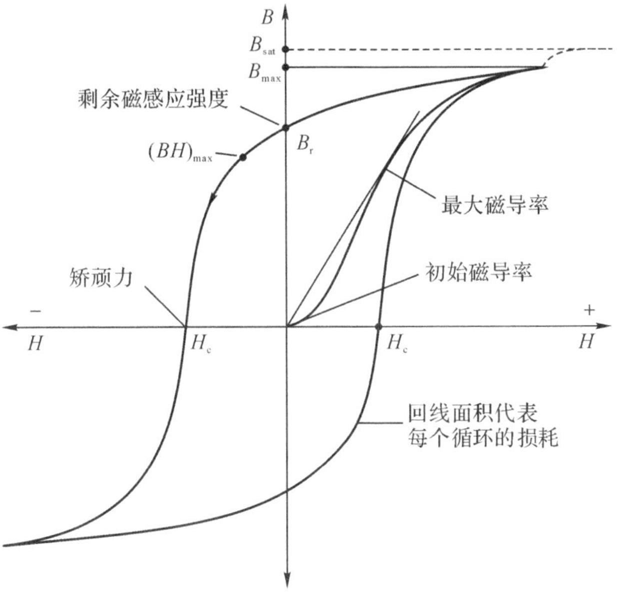

图 9-1 磁性材料典型的磁滞回线

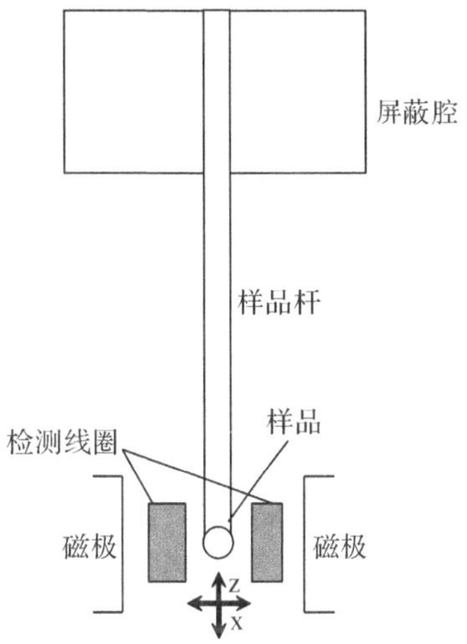

图 9-2 VSM 测试原理示意图

由于感生电动势极其微弱，必须将其充分放大后才能利用，但外界各种杂散场在检测线圈内感应出的信号也被放大而成为严重的干扰。为解决这个问题从而提高装置的灵敏度，人们对检测线圈的结构进行了许多理论计算和实验研究，设计出各种形式，但从简易而又适用的角度看，以双线圈为最好。这种结构是在全同的一对骨架上，用相同的导线绕上相同的匝数，之后将其反串而平行安放于亥拇霍次线圈对的交变均匀磁场内。线圈轴平行于磁场，在调节其中一个的匝数，直至该线圈对的输出电压为零，说明两线圈的面匝数达到全等。最后，将这线圈对安置在电磁铁工作空间，其轴垂直于磁场而平行于样品振动方向，这种结构对杂散信号具有较强的抑制能力。因为诸如磁化场的波动等，由于两线圈相距不太远，在每个线圈里所感应出的电压几乎是相等的，因其反串接所以净输出将为零。但对样品的磁偶极子场信号两线圈感生电动势则是相加的，故而被测信号是单线圈的两倍。同时发现在线圈对的中部存在一个叫鞍部区的小区间，在此区间内线圈对的输出几乎和样品的位置无关，故而大大提高被测量的重复性。此鞍部区的大小取决于两线圈对的几何形状及相对距离。

要根据被放大了的感应电压的大小来计算被测样品的磁距，必须预先知道单位电压所对应的磁矩数值，也就是需要预先定标。通常是利用标准样品如纯 Ni，其磁矩值可根据纯 Ni 的制取工艺等得其标准磁矩数值，将纯 Ni 当作被测样品进行测试，从而可求出单位电压相对应的磁矩数值。设标准体积为 V，则由

$$e=KVH/4\pi(1/\mu-1+N/4\pi) \tag{9-4}$$

可知，e 和外磁场 H 成正比，记录下放大后的感应电动势 e 和外场 H 的直线部分，从其斜率即可求出系数 K，也就完成了定标工作。

2. 磁矩的温度曲线

在样品上加上一个固定不变的外磁场，如果样品具有磁性，那么它的总磁矩值应该是一个大于零的值，此时改变样品的温度，随着温度的逐步增大，其总磁矩值会有一定的变化，这是由于随着温度的增加，材料内部的热运动对磁矩的取向起到了一定的干扰作用，而当达到某一特定温度的时候，它会迅速变为零，随着温度的进一步增加，其总磁矩保持零值。这样就测得了样品的磁矩温度曲线，从这条曲线我们可以得到材料的居里温度等参数。

三、实验设备与装置

图 9-3 给出了振动样品磁强计的示意图。仪器主要由磁化系统、振动系统、检测系统、数据系统和温控系统组成。磁化系统主要由电磁铁和直流磁场稳流源组成，它是用来产生和控制外加磁场的；振动系统包括振动头、振动杆、样品盒以及 VSM 驱动源组成，这是放置样品并使样品在固定频率下振动的机电驱动系统；检测系统包括探测线圈、磁矩测量单元和磁场强度测量单元组成；数据系统包括数据采集卡、计算机系统、VSM 软件和接口小盒组成；而温控系统包括带储槽连续流低温恒温器、高温炉和温控仪组成。

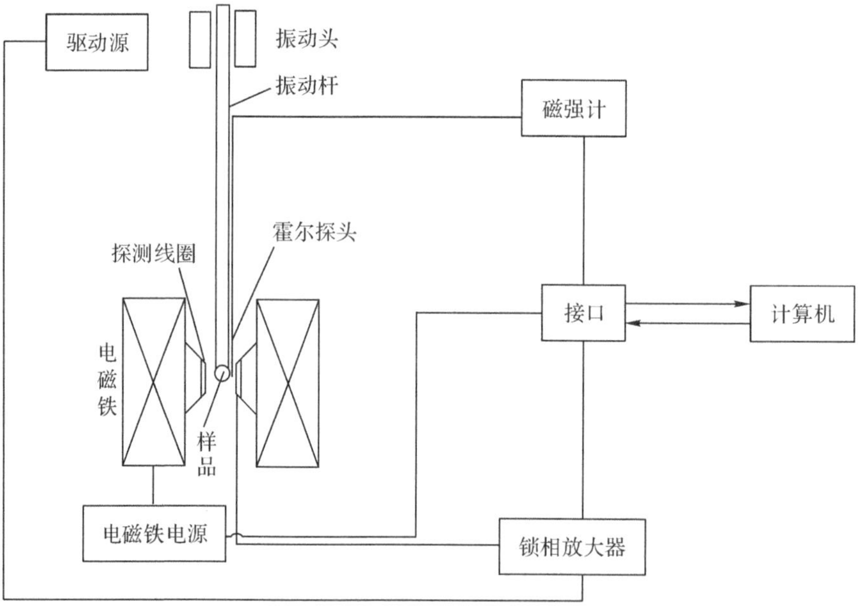

图 9-3　振动样品磁强计系统方框图

四、实验方法和步骤

1. Ni 标样的标定

用仪器自带的、知道其磁矩值的 Ni 标准样品来测定磁矩与感生电动势的比例 K；

2. 磁滞回线的测量；
3. 磁矩温度曲线的测量。

具体的仪器操作步骤将在实验过程中讲解。

五、实验结果处理

对计算机采集的数据进行处理，根据所得到的磁滞回线和磁矩温度曲线，得到：

1. 材料的饱和磁化强度、剩余磁化强度、矫顽力等；
2. 材料的居里温度；
3. 写出实验报告，内容包括实验名称、实验目的、实验内容、实验结果以及结果分析。

六、实验注意事项

仔细阅读实验指导书的内容，在指导教师的监督下严格按照要求进行实验。

七、思考题

1. 结合实验内容，如何根据磁滞回线来判断材料是属于何种磁性材料？
2. 试根据 VSM 的工作原理，分析其测量误差的主要来源是什么？

第十章　材料科学与工程综合实验

实验1　真空感应悬浮熔炼实验

一、实验目的

1. 了解真空感应悬浮熔炼的基本原理
2. 掌握真空感应悬浮熔炼的操作方法

二、真空感应熔炼的特点

真空感应熔炼作为一个高温冶金过程有很大的优越性，因为它有坚实的热力学基础。在非真空感应熔炼过程中，只能控制金属液的温度，而在真空过程中，温度和压力两者都可以控制。与大气熔炼相比真空感应熔炼有以下优缺点：

1. 能够比较彻底地清除钢液中的气体

根据物理化学中的气体溶解定律，对于双原子气体（H_2，N_2）来说，它们在钢液中的溶解量是与炉气中该种气体的分压力的平方根成正比的，其间的关系可用下式表示：

$$[H]=k_1PH1/2$$

$$[N]=k_2PN1/2$$

式中：[H][N]为氢和氮在钢液中的溶解量；

PH　PN为炉气中氢和氮的分压力；k_1　k_2为平衡常数。

由上式可见，当降低炉气中氢气和氮气的分压力时，钢液中的气体含量就会随之减少。如果炉气中的真空度很高（即 PH≈0，PN≈0）时，则钢液中的含气就可以降低到很低的程度。例如，实验结果表明，只要真空度达到 10μm 汞柱时，钢中氢的含量可以降低至 1ppm 以下。

2. 钢液可以充分脱氧和降碳

由于钢液的熔化过程是在真空条件下进行，钢液中元素的氧化程度很轻微。因此，只要炉料很干净，所炼出的钢，氧化夹杂物就会很少。另一方面，在真空条件下，碳的脱氧能力比常压下大为提高。这是因为碳的氧化反应：C＋Fe→CO＋Fe 所生成的一氧化碳被抽走，因而使得反应进行得很彻底，钢液脱氧良好。

3. 金属元素的蒸发

液态合金中每种元素都有一定的蒸汽压，当蒸汽压超过外界压力时，元素就会蒸发。在大气熔炼的条件下，只要极少数金属元素会发生显著的蒸发现象。但在真空条件下熔炼时，钢中蒸汽压较高的元素就会发生显著的蒸发现象，结果会造成钢液化学成分控制的困难。

4. 坩埚材料的沾污

在真空熔炼条件下，炉衬耐火材料会被钢液所侵蚀，这种侵蚀主要表现为钢液中的碳被还原，其结果是还原产物进入钢液，使钢液的化学成分发生变化。这种现象称为钢液的沾污。在酸性炉衬上，钢液侵蚀耐火材料的现象特别显著。酸性炉衬中的 SiO_2 会被碳所还原：

$$2(C)Fe+(SiO_2)\rightarrow(Si)Fe+2CO$$

这一反应在大气熔炼条件下，由于 CO 的分压力较高，所以反应进行受到限制。而在真空条件下，由于 CO 的分压力接近于零，因而促使反应进行。反应结果使钢液的含碳量降低，同时使含硅量提高。

三、真空感应悬浮熔炼的原理

真空感应悬浮熔炼的坩埚用紫铜制成，坩埚本体切成若干辧，内部钻有小孔以供通水冷却用。用这种坩埚熔炼金属时，采用高频感应加热。坩埚中的金属块料在高频磁场的作用下产生涡流，从而发热熔化。坩埚体上所开的缝隙有助于减少坩埚壁对高频电磁场的屏蔽，从而使较多的功率达到料块上。

在料块上产生涡流的同时，坩埚壁上也产生了涡流。在任一瞬间，坩埚壁各辧片的涡流与料块上的涡流，旋向都是相同的。但是在料块外侧靠近坩埚壁的地方其涡流的指向与坩埚辧片内壁上的涡流的指向恰好相反，见图 10-1。

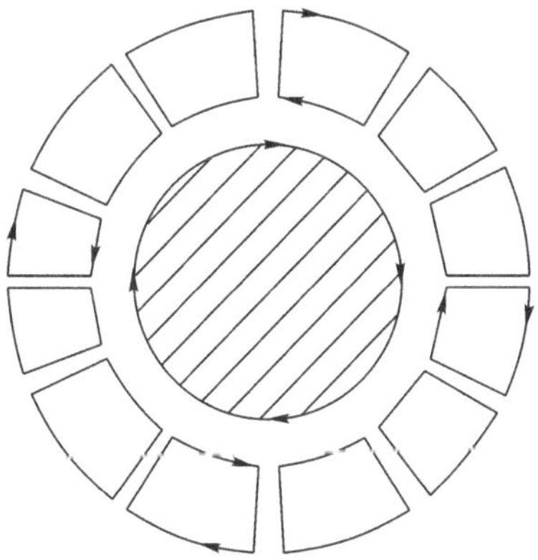

图 10-1 真空感应悬浮熔炼示意图

于是，在料块与坩埚壁之间就产生了一个推斥力，当料块熔成液体后，这个推斥力把熔体推到坩埚的中部，而底部的推斥力则把熔体托离底部，从而使熔体悬浮在坩埚中。对于具体的材料，恰当选择高频电磁场的频率和功率，就能在坩埚中形成一个不与坩埚接触的下大上小的液滴。与普通的真空感应熔炼相比，真空感应悬浮熔炼有以下优点：

1. 坩埚对熔体无沾污，容易得到纯净的合金。可以熔炼诸如钛、稀土等化学活性高容易咬蚀炉衬耐火材料的金属材料。

2. 熔融金属与坩埚间的热传导减至最小，熔体具有比较均匀的温度，可以在比较小的过热度下熔融。从而减小了组分的挥发，可以制得成分比较准确的合金。

3. 熔体呈通体熔融状态，再加上强烈的电磁搅拌及热搅拌，熔体的成分十分均匀。

4. 坩埚寿命长，正确使用时，坩埚可反复使用1000次以上。

四、真空感应悬浮熔炼系统的组成

真空感应悬浮熔炼系统的组成可用图10-2的方框图表示：

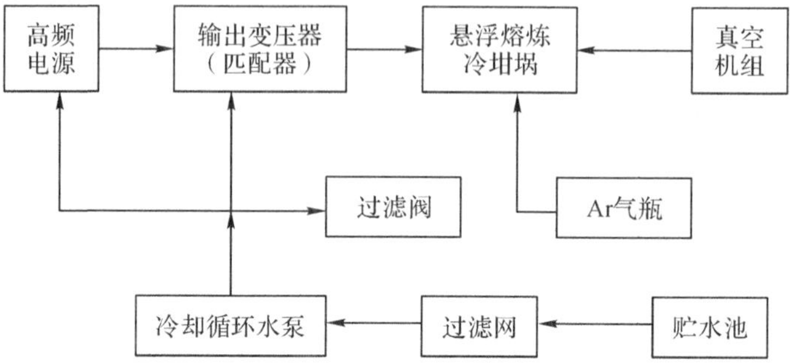

图10-2　真空感应悬浮炼系统的组成

其中：高频电源频率为50kHz，功率为30kW，真空机组用来抽真空，Ar气则用来在熔炼时加压保护，以防止金属液溅射及挥发。冷却水是坩埚正常工作的必要条件，应与电源连锁，当坩埚无冷却水供应时，电源应无输出，此外，由于坩埚内部水流通道很细，冷却水中不能有夹杂。因此，在水泵的出水口和坩埚的进水口均需加过滤网。

五、真空感应悬浮熔炼的工艺及注意事项

1. 装料原则　原料以片状为好，放置时应使片横放，以便高频磁场尽可能多地穿过原料，产生尽可能大的涡流。对粉状原料，应预先将其压制成块，以免粉料从缝隙漏出坩锅之外。对丝状原料，一定要横放，不可竖放，特别是熔点高的材料，竖放很难熔化。

2. 送电工艺　开始加小功率，一般为6到7千瓦，待炉料发红，加大功率至炉料熔化，并保持功率2分钟左右，使金属液成分均匀。

3. 注意事项

(1)严禁在坩埚没有通冷却水情况下对坩埚通电加热，这是坩埚极易烧毁。

(2)每次熔炼后，应将缝隙中的金属碎屑清理干净，这样，下次熔炼时一则可避免污染熔料，二则可避免碎屑发热烧伤辦片。

六、实验内容

1. 用真空感应悬浮炉熔炼金属钛。

2. 用真空感应悬浮炉熔炼不锈钢。

七、实验报告

1. 真空感应悬浮熔炼的基本原理。

2. 悬浮熔炼的优越性。

3. 悬浮熔炼工艺

4. 悬浮熔炼注意事项。

八、思考题

1. 为什么真空感应悬浮炉熔炼合金时液态金属能悬浮在空中而不与坩埚接触。

2. 感应炉熔炼合金为什么金属液会沾污。

实验 2　玻璃熔制实验

一、实验目的

1. 了解玻璃熔制的基本原理
2. 掌握玻璃熔制的工艺步骤

二、实验原理

玻璃配合料在高温作用下，经过一系列复杂的物理化学反应，变成均匀、无气泡、且符合成型要求的玻璃液。玻璃的熔制过程主要分为硅酸盐形成、玻璃形成、澄清、均化、冷却五个阶段。

硅酸盐形成是指配合料变成由硅酸盐和二氧化硅组成的不透明烧结物的过程。玻璃液形成指烧结物经连续加热，易熔的低共熔混合物开始熔化，同时发生硅酸盐与二氧化硅的互溶，形成玻璃，该阶段结束时，不透明烧结物变成透明玻璃液，但玻璃液存在大量气泡、条纹。澄清和均化过程就是为了消除玻璃液中的气泡、条纹。玻璃的冷却是把澄清后均化后的无气泡、均匀玻璃降低 200～300℃，满足成型时的粘度要求。

玻璃熔制的各个阶段相互关联，各具特点，主要取决于熔制工艺条件和熔制设备。

三、实验设备及仪器

1. 高温升降炉，1 台
2. 退火炉，1 台
3. 台式天平，1 台
4. 研钵与 80 目筛子各 1 个
5. 料盆 2 个
6. 坩埚 2 个
7. 石棉手套和手钳各 1 套

四、实验步骤

1. 组成设计

根据要求，选择合适的玻璃组成系统，并参考相图及有关文献进行组成设计，计算熔化温度，方可进行配料。

2. 配方计算及配料

根据实验室提供的原料进行配方设计，经过仔细审核后，按配方进行称量、混合，要求配合料过筛。

洒少许水进行搅拌、混合，捏成团备用。

3. 熔制

(1)检查设备是否正常,若无误后,接通电源,让升降炉按一定升温速度升温。升温前,在电炉内事先放置好坩埚。

(2)当温度升值加料温度时,升起炉体,将配好的料团分批加入到坩埚中,注意,每次加料后待温度升至加料温度时再加入另外一批料,直至加完。

(3)升降炉继续升温,当温度达到预定的熔制温度时保温,保温时间根据玻璃熔化状况而定。期间需要两到三次,升炉挑料观察玻璃熔制性能,同时注意记录实验现象。

(4)玻璃熔制好后,升起炉体,取出坩埚,倒出玻璃液,按性能测试的试样要求成型。成型后的样品迅速放入事先已升温至退火温度的退火炉中,保温 1 小时,然后随炉冷却,室温取出试样,备测试用。

4. 熔制结果

通过目测和其他测试手段,对新制得的玻璃样品进行表观评价:

1)玻璃液的透明度、均匀度;

2)玻璃的气泡、条纹数量;

3)玻璃液对坩埚的侵蚀状况;

在有条件的情况下,进行差热分析,确定玻璃的其他性质。

五、注意事项

1)玻璃原料需要进行充分混合,避免玻璃不均匀;

2)严禁将热坩埚直接放入全部玻璃料,避免坩埚爆裂或出现裂纹,导致玻璃液漏出损坏炉体;

3)成型后的玻璃块尽快放入退火炉退火,以免玻璃块破裂。

六、实验报告

1. 玻璃熔制的工艺步骤;
2. 玻璃的表观性质;
3. 玻璃熔制的注意事项。

七、思考题

1. 玻璃是如何形成?
2. 为何要对玻璃进行退火?
3. 玻璃性质有哪些主要影响因素?

实验3　酒精热法和超声波辐射法合成ZnO纳米晶

一、实验内容与目的：

熟悉扫描电子显微镜、透射电子显微镜、X射线衍射仪的结构、工作原理和使用等。掌握实验仪器，包括化学器皿、超声波发生器、冷冻高速离心分离机、冷冻干燥仪器、磁力搅拌器、高压反应釜、温控电热烘箱等设备的操作规程。通过以上的基本技能训练达到学习和熟悉实验设备，掌握实验操作的目的。

二、纳米ZnO的用途：

纳米ZnO可用于太阳能电池，透明半导体薄膜，气体传感器等。纳米氧化锌是橡胶和轮胎工业必不可少的添加剂，也用作天然橡胶、合成橡胶及胶乳的硫化活性剂和补强剂以及着色剂；在化学工业中，氧化锌被广泛用作催化剂、脱硫剂，如合成甲醇时作催化剂，合成氨时作脱硫剂；纳米氧化锌的表面高活性可以提高催化剂的选择性能和催化效率，具有广泛的潜在应用市场。在电子工业中，氧化锌既是压敏电阻的主原料，也是磁性、光学等材料的主要添加剂。

酒精热法产物特点：

纯度高、超细、粒度分布窄、颗粒团聚程度轻、晶体生长比较完整、反应温度低、工艺相对简单、粉体烧结活性高。

超声波辐射法产物特点：

颗粒分散、粒度分布窄、温度更低，接近室温，工艺简便。

三、实验设备：

扫描电子显微镜、透射电子显微镜、X射线衍射仪的结构、玻璃化学器皿、超声波发生器、冷冻高速离心分离机、冷冻干燥仪器、磁力搅拌器、高压反应釜、温控电热烘箱

1. 酒精热法合成氧化锌

1）把醋酸锌溶解于无水乙醇中，0摄氏度下充分搅拌，配制成2.0wt%的悬浊液。采用同样方法，在室温下将氢氧化锂配制成无水乙醇溶液，其摩尔浓度两倍于醋酸锌的乙醇溶液。

2）将等体积的氢氧化锂溶液，逐滴地加入到搅拌着的醋酸锌乙醇溶液中，同时醋酸锌溶液保持在0摄氏度，混合溶液逐渐变成白色胶体。

3）将上述胶体溶液，放入水热反应釜中，将密封后的反应釜，在80到200℃条件下保温2，5，10小时后，取出反应溶液。

4）将获得的反应产物用高速离心机分离进行离心分离，用无水乙醇对分离物充分洗涤。室温下干燥后，即获得纳米氧化锌晶体。

5）用XRD分析，晶面指数可以用布拉格方程计算，颗粒大小的评估可以采用Scherrer公式，$D=(0.89\lambda)/(B\cos\theta)$。

6)用扫描电子显微镜、透射电子显微镜在不同倍率下观察产物的形态特征和尺度分布。

2. 超声波辐射法合成氧化锌

1) 把醋酸锌溶解于无水乙醇中,0 摄氏度下充分搅拌,配制成 2wt%的悬浊液。采用同样方法,在室温下将氢氧化锂配制成无水乙醇溶液,其摩尔浓度两倍于醋酸锌的乙醇溶液。

2) 将等体积的氢氧化锂溶液,逐滴地加入到搅拌着的醋酸锌乙醇溶液中,同时醋酸锌溶液保持在 0 摄氏度,混合溶液逐渐变成白色胶体。

3) 将上述胶体溶液,放入烧杯中,然后将烧杯放入超声波发生器里(600 瓦),常温下微波处理 30,60 分钟后,取出反应溶液。

4) 将获得的反应产物用高速离心机分离进行离心分离,用无水乙醇对分离物充分洗涤。室温下干燥后,即获得纳米氧化锌晶体。

5)用 XRD 分析,晶面指数可以用布拉格方程计算,颗粒大小的评估可以采用 Scherrer 公式,$D=(0.89\lambda)/(B\cos\theta)$。

6)用扫描电子显微镜、透射电子显微镜在不同倍率下观察产物的形态特征和尺度分布。

四、注意事项

1. 反应釜加热到 100 摄氏度以上不要靠近。
2. 需待反应釜彻底冷却后方可打开。

五、实验报告

1. 纳米氧化锌的制备过程
2. 纳米氧化锌的形貌结构特征
3. 纳米氧化锌制备过程的注意事项

六、思考题

1. 加热使反应进行到一段时间后,体系冷却到室温,再次加热体系,产物为什么不会再生长。

2. 增加酒精溶液中水的比例,产物形态变化的原因。

第十一章　实验报告的编写方法

在我们的生活、学习和工作中，难免要接触“化验报告”、“实验报告”、“研究报告”、“测试报告”、“检验报告”等词。严格地说，这些词之间的含义和用途是有区别的。为了简便，我们把这些报告分为“实验报告”和“检测报告”两大类。

在科学研究中，有时要写“实验报告”，有时要写“检测报告”。对某种事物的现象或规律的研究后，要写的报告一般属于“实验报告”；而对某些材料进行成分分析，或对材料的某个（些）性能进行测定后，要写的报告一般属于“检测报告”。此外，在生产实践中对产品的质量进行鉴别和评定，或在商品流通过程中对商品的质量进行鉴别和评定后，要写的报告一般也属于“检测报告”的范畴。因此，我们对这两种报告都应有所了解。

此外，实验报告是写给别人看的，必须详细、清楚，同时简明、扼要。

一、实验报告的基本格式

学生在实验课做实验后要写的报告属于“学习实验报告”，简称“实验报告”。应当指出，传统观点认为学生做实验是验证所学的书本知识，加深对知识的理解和记忆，这种概念是片面的，或者说是不够准确的。对于工科专业，即使在大学所开的物理、化学等基础课的实验中，有的实验项目是验证型的，有的也是检测型的（随着实验教学改革的深入开展，基础课的实验也有设计型或综合型的）。对于各种专业实验则比较明显，大部分实验项目是检测型的，少部分是验证型的。因此，学生到实验室去是既做实验，又做检测。严格地说，这两种实验的报告内容和格式是不同的，做验证型实验后应写实验报告，做检测型的实验后应写检测报告。为了简化，在此不再细分讨论。

编写实验报告是进行实践能力培养和训练的重要环节。通常做实验都是有目的的，因此在实验操作时要仔细观察实验现象，操作完成之后，要分析讨论出现的问题，整理归纳实验数据，要对实验进行总结，要把各种实验现象提高到理性认识，并做出结论。在实验报告中还应完成指定的思考题，提出改进本实验的意见或措施等。

（一）实验报告的基本格式

一个完整的实验报告应当包括的主要内容如下。

1. 实验名称

实验名称应当明确地表示你所做实验的基本意图，要让阅读报告的人一目了然。

2. 实验目的与要求

（1）实验目的　实验目的是对实验意图的进一步说明，即阐述该实验在科研或生产中的意义与作用。对于设计性实验，应指出该项实验的预期设计目标或预期的结果。

（2）实验要求　这是实验教材根据实验教学需要，对学生提出的基本要求，可以不写。

3. 实验原理

实验原理是实验方法的理论根据或实验设计的指导思想。

实验原理包括两个部分;一是材料性质对周围环境条件(例如电场、磁场、温度、压力等条件)的反应,这是能够进行实验的基础,如果没有反应,实验就无法进行,也没有实验的必要;二是仪器对反应的接受与指示的原理,这是实验的保证,仪器不能接受和指示出反应的信号,实验就无法进行,必须更换仪器的类型或型号。当然,这两部分原理在实验教材中已有介绍,抄书没有必要,要用自己的语言简要地进行说明。如果能做到朱熹所说的"其言皆若出吾之口","其意皆若出于吾之心"则更好。

4. 实验器材

实验所需的主要仪器、设备、工具、试剂等,这是实验的基本条件。

5. 实验步骤

实验步骤表明操作顺序,一般包括试样制备、仪器准备、测试操作三大部分,要求用文字简要地说明。视具体情况也可以用简图、表格、反应式等表示,不必千篇一律。

6. 数据记录与处理

(1)实验现象记录 包括测试环境有无变化,仪器运转是否正常,试样在处理或测试中有无变化,实验中有无异常或特殊的现象发生等。

(2)原始数据记录 做实验时,应将测得的原始数据按有效数据的处理方法进行取舍,再按一定的格式整理出来,填写在自己预习时所设计的表格(或教材的表格)中。

(3)结果计算 首先,应对测量数据做分析,按测试结果处理程序,先分析有无过失误差、系统误差和随机误差,并进行相应的处理。然后计算每个试样的测试结果,再计算该批试样的测试结果,做出误差估计等。

(4)实验结果 有的实验结果得用图形或表格的形式表示,在这种情况下,要在报告中列出图表。

7. 实验结果分析

一般,实验结果分析包括如下几项。

①实验现象是否符合或偏离预定的设想,测量结果是否说明问题。

②影响实验现象的发生或影响测试结果的因素。

③改进测试方法或测试仪器的意见或建议。

8. 实验结论

实验报告中应当明确写出实验结论。

测定物理量的实验,必须写出测量的数值。验证型的实验,必须写出实验结果与理论推断结果是否相符。研究型的实验,要明确指出所研究的几个量之间的关系。思考题是在实验完成的基础上进一步提出一些开发学生视野的一些问题,有时帮助你分析实验中出现的问题,所以写实验报告时不能忽视思考题。

①简要叙述实验结果,点明实验结论。

②列出测试结果,注明测试条件。

(二)实验报告的改进格式

随着实验教学改革的推进,实验报告的格式也在进行改革,目前各学校的做法不一,未形成统一(固定)的格式。改革后的实验报告一般只要求写清楚以下主要内容:

①数据测量的过程。

②数据处理的过程。

③实验结果的分析讨论。

④实验过程中是否出现问题。如果出现问题,应写正确处理出现问题的经验和体会。

⑤实验的改进意见。

二、检测报告的内容与格式

检测报告有单项报告和综合(多项)报告两种。有的科学研究和产品(商品)质量鉴定只要单项测试就够了,因此所写的报告是单项检测报告;有的则要做多项测试才能说明问题,因此要写的报告是综合报告。

1. 单项检测报告

在国家标准和国际标准中,有一类标准是测试方法标准。在这类标准中,对测试原理、测试方法、测试仪器、测试条件、试样要求与制备、测试步骤、数据处理方法等都有具体的规定,有的还对测试报告提出要求。通常,单项检测报告以表格的形式给出,格式不完全固定,可自行设计。在本书中,有的实验项目附有测试数据纪录表或测试结果报告表,可供读者作设计参考。比较简单的测试报告单如下所示。

__________大学材料实验中心测试报告单

委托单位:______　　　　测试日期: 年 月 日

试样日期: 年 月 日　　　　报告日期: 年 月 日

样品名称		样品数量	
品种或代号		测试项目	
测试条件	应用标准的代号和名称		
	仪器名称、型号、规格		
	测试环境		
	其他		
测试结果			
备注			

测试操作:　　　　复核:　　　　实验室主任:

(签字)______　　(签字)______　　(签字)______

在填写这种简单报告单时,测试结果一栏有较大的灵活性,只要清楚表达实验结果就行。当用公式法计算测试结果时,应注明所用的计算公式;对于原始测试数据很多的测试项目,报告中可以作附件附上,也可以不附。对需要用作图法才能求出结果的测试项目,应将所作的图附上。

在现代测试设备中,许多设备用计算机处理测试数据,在仪器输出的结果中,有的是原始数据;有的是部分原始数据和测试结果;有的是一条曲线、一张图或一张照片,没有原始测试数据;有的在仪器输出的曲线或图中打印有最终实验结果;有的仅有部分结果,需人工进行分析归纳才能得出最终结果。因此,在填写测试结果一栏时要按具体情况分别处理,并将仪器的输出结果作附件附在报告中。

报告单中的备注栏可填写有关说明。报告单填写完毕,有关人员要签字,实验室要盖章。对于重要的测试报告,实验室还要编号存档,以备查询。

2. 综合检测报告

在国家标准和国际标准中,另有一类标准是材料或产品检测标准。在这类标准中,对材料或产品的各种性能指标作了具体的规定,对各种性能的测试原理、测试方法、测试仪器、测试条件、试样要求与制备、测试步骤、数据处理方法等也有具体的规定,有的也对检测报告提出要求。为了简化,这种标准通常采用组合方法来制定,如果各单项性能测试标准已经制定,即规定引用。

因此,综合检测报告一般也以组合的形式给出。具体做法是:将每项性能的测试结果以单项测试报告单的形式给出,且作为附件;将以上介绍的单项测试报告表进行改造,将每项测试结果进行汇总,列于测试结果栏中;将备注栏改为结论栏,注明按什么标准进行检验,综合检测结果是否合格等。

综合检测报告的内容较多,一般都装订成册,因此需要设计印制一个合适的封面。

三、设计型实验报告的基本要求

设计型实验、综合型实验、综合设计型实验具有研究的性质,因此要求学生以科技小论文的格式写出实验报告,尽量完整、准确、简明扼要地用文字表达出自己的思想和观点,在写实验报告中培养概括科学实验的能力。

四、思考题

1. 科学研究实验报告与学生实验报告的编写方法是否相同,为什么?
2. 产品检验报告、商品检验报告有何功能与作用?
3. 检验报告的封面应写什么内容?

主要参考文献

[1] 丁振华,谢景山主编.物理实验预习与实验报告(第1版).成都:成都科技大学出版社,1997,65~66

[2] 陈金忠等.浅议面向21世纪实验教学改革的形势与任务.实验技术与管理.2000,1:101~104

内容简介

本书是根据材料科学与工程专业教学计划，为加强专业实验课程教学环节，配合开设的“材料科学基础实验”课程编写的实验指导书。本书侧重于多种材料分析测试技术的原理及应用，学生通过本课程的学习，可以巩固和深化课堂教学学到的知识，同时加强材料科学基本实验技能的训练。在常规的验证性实验的基础上，本书还引入了材料的性能测试和分析实验，并进一步设置了新型材料制备实验，这不仅能使学生建立材料科学与工程的完整知识体系，还有助于培养学生的创新意识和创新能力。同时本书涵盖的实验既包括必修型实验，还包括选修型实验，教师可根据实际情况灵活应用，设计创新实验教学模式。本书可供高等院校从事材料科学、材料加工以及制造工程等方面的科研、教学及应用开发的师生、科技人员参考。

图书在版编目（CIP）数据

材料科学与工程基础实验指导书 / 刘芙，张升才主编. —杭州：浙江大学出版社，2011.8（2025.8 重印）
ISBN 978-7-308-08983-8

Ⅰ. ①材… Ⅱ. ①刘… ②张… Ⅲ. ①材料科学—实验—高等学样—教学参考资料 Ⅳ. ①TB3-33

中国版本图书馆 CIP 数据核字（2011）第 159417 号

材料科学与工程基础实验指导书

刘 芙 张升才 主编

责任编辑 王 波
封面设计 刘依群
出版发行 浙江大学出版社
（杭州市天目山路 148 号 邮政编码 310007）
（网址：http://www.zjupress.com）
排 版 杭州好友排版工作室
印 刷 浙江新华数码印务有限公司
开 本 787mm×1092mm 1/16
印 张 10.75
字 数 262 千
版 印 次 2011 年 8 月第 1 版 2025 年 8 月第 7 次印刷
书 号 ISBN 978-7-308-08983-8
定 价 35.00 元